Airbus A380

Der fliegende Gigant aus Europa

Andreas Spaeth

Airbus A380
Der fliegende Gigant aus Europa

HEEL

Der Autor

Andreas Spaeth, Jahrgang 1966, ist Diplom-Journalist und Absolvent der Deutschen Journalistenschule in München. Seit 1989 arbeitet er als Freier Journalist und Fotograf mit den Schwerpunkten Luftverkehr und Reise, 1990 gewann er den Nachwuchspreis des Luftfahrt-Presse-Clubs (LPC), 2000 einen Sonderpreis im Rahmen des Hugo Junkers-Journalistenpreises des LPC. Er ist regelmäßiger Mitarbeiter führender Tageszeitungen wie der „Süddeutschen Zeitung" und der „Frankfurter Allgemeinen Zeitung", schreibt für die Wochenzeitung „Die Zeit" ebenso wie für eine Vielzahl an Publikumszeitschriften und Fachpublikationen (z. B. Flug Revue, Business Traveller), außerdem für Firmen- und Bordmagazine aus der Luftfahrtbranche. Bei aktuellen Anlässen in der Luftfahrt ist er ein gefragter Gesprächspartner bei Fernsehen und Radio. Andreas Spaeth lebt in Hamburg und ist erreichbar über die Website www.aspapress.com.

Ich widme dieses Buch meiner Frau Silvia.

Impressum

HEEL Verlag GmbH
Gut Pottscheidt
53639 Königswinter
Telefon 0 22 23 / 92 30-0
Telefax 0 22 23 / 92 30 26
Mail: info@heel-verlag.de
Internet: www.heel-verlag.de

© 2005: HEEL Verlag GmbH, Königswinter

Verantwortlich für den Inhalt:
Andreas Spaeth

Fotos: Archiv des Autors, Archive der Hersteller

Gestaltung und Satz: Grafikbüro Schumacher, Königswinter

Lithografie: Collibri, Petra Hammermann, Königswinter

Druck: D+L Printpartner, Bocholt

Printed in Germany

– Alle Rechte vorbehalten –

ISBN 3-89880-410-0

Inhalt

Vorwort

Kindergeburtstage fanden bei uns in den frühen 1970er-Jahren häufig mit Nachbarskindern, Limonade und Schaumwaffeln auf der Besucherterrasse des Hamburger Flughafens Fuhlsbüttel statt. Am faszinierendsten war es, schon bei Annäherung an das von 1929 stammende damalige Flughafengebäude die Spitze eines Flugzeughecks über das Dach ragen zu sehen. „Der Jumbo ist da!", schrieen wir Kinder aufgeregt. Es war die Zeit, als die Ferienfluggesellschaft Condor als erste Charter-Airline der Welt mit der Boeing 747 beliebte Ferienziele anflog. Der Jumbo Jet war mehr als 30 Jahre das Maß aller Dinge im Langstrecken-Luftverkehr. Spätestens am 27. April 2005 hat mit dem Erstflug des Airbus A380 eine neue Ära begonnen, in der meine Heimatstadt Hamburg eine wichtige Rolle spielt. In der ersten Klasse meiner Grundschule am Rande der Stadt trugen Mitschüler Ende 1972 Aufkleber mit dem merkwürdigen Kürzel „A300B" am Ranzen, was ich gerade zu entziffern gelernt hatte. Daneben war ein dickbauchig wirkendes Flugzeug abgebildet, der Airbus A300B, dessen Erstflug kurz zuvor der Aufkleber galt. Beeindruckend, wie innerhalb von nur drei Jahrzehnten Europa von wackligen Anfängen zum Weltmarktführer im Verkehrsflugzeugbau geworden ist und zum Staunen vor allem der Amerikaner tatsächlich in der Lage war, ein Mega-Projekt wie die A380 konsequent und unbeirrt umzusetzen. Gemeinsam sind wir stark, das sollte die Erkenntnis für uns Europäer aus dem A380 sein.

Als die Boeing 747 im Februar 1969 zum Erstflug startete lagen Boeing 158 Festbestellungen von 26 Fluggesellschaften vor, aber der Erfolg des damals weltgrößten Passagierflugzeugs war alles andere als gewiss. Die A380 verzeichnete bei ihrem Erstflug insgesamt 154 Festbestellungen von 15 Airline-Kunden und auch diesmal sind die Warnungen vor dem wirtschaftlichen Absturz zahlreich. Ich wage aber die Prognose, dass die A380 das Fliegen auch ökonomisch grundlegend verändert und kaum eine bedeutende Fluggesellschaft für ihre Hauptstrecken mittelfristig um eine A380-Bestellung herumkommen wird. Ein wirklicher Quantensprung wie beim Übergang von der Boeing 707 zur 747 Anfang der 1970er-Jahre liegt diesmal weder bei den Dimensionen noch bei der Technologie vor, die A380 ist lediglich die konsequente Weiterentwicklung bestehender Innovationen. Der nächste wirklich grundlegend neue Schritt wird in vielleicht 30 Jahren die Einführung eines Nurflüglers als Großraumflugzeug sein, weil die herkömmliche Konfiguration mit röhrenförmigem Rumpf, Tragflächen und Leitwerk mit der A380 physisch an ihre Obergrenze stößt. Doch tauchen wir erstmal ein in die bisher kaum bekannte Geschichte des A380-Projekts, das alle bisherigen Maßstäbe im Flugzeugbau und in der Logistik sprengt. Doppelstöckige Flugzeuge hat es schon in den 1920er-Jahren gegeben, nie aber wurde dieses Konzept mit modernen Werkstoffen so konsequent ausgereizt wie beim A380.

Noch ein sprachlicher Hinweis: Linguisten und Luftfahrer sind sich einig, das Flugzeuge grammatikalisch grundsätzlich weiblich sind, man also „die Junkers", „die Fokker" oder „die Cessna" sagt. Selbst wenn es „der Jumbo" und vor allem „der Airbus" heißt, so wird trotzdem korrekterweise in diesem Buch „die A380" vorgestellt.

Andreas Spaeth
Hamburg, im Juni 2005

Danksagung

Besonderer Dank gilt dem enthusiastischen Einsatz von A340-Flugkapitän und Luftfahrtantiquar Peter Klant (www.lindbergh-aviation.de) als fachkundiger Co-Lektor.

Für die Unterstützung meiner Recherchen bedanke ich mich bei der Pressestelle von Airbus, im Speziellen bei David Voskuhl (Toulouse) sowie Tore Prang, Rolf Brandt und Arndt Hellmann (Hamburg). Unersetzlich als Quelle war der „Vater der A380", Jürgen Thomas.

Für Hilfe bei der Fotosuche und Bereitstellung von Fotomaterial geht mein Dank an Sylvia Philp (Airbus Hamburg), Wolfgang Borgmann, Wolfgang Mühlbauer (EADS-Archiv München), Julia Lange (Air France Frankfurt), René Steinhaus (Fraport), Werner Hennies (Flughafen München), Aage Dünhaupt (Lufthansa Technik), Detlef Rhein (npk design), Trondesign, ThyssenKrupp Airport Systems, Steve Nestel (FMC Technologies) sowie Paul Gladman (The Flight Collection).

Ohne die fototechnische Betreuung durch Judith König wären manche meiner eigenen Fotos nicht druckbar gewesen.

Das Streben nach Größe

Flugzeugriesen und doppelstöckige Kabinen gibt es schon seit den 1920er-Jahren. Ein Blick auf die Evolution großer Flugzeuge, die Vorgänger und Urahnen der A380.

Schneller, höher, weiter – nach dieser Maxime richteten sich im Laufe der Luftfahrtgeschichte die meisten Ingenieure. Doch auch die Größe spielte immer schon eine wichtige Rolle, auch wenn sie oft mit erheblichen Nachteilen bei Geschwindigkeit und Leistung erkauft werden musste. Das erste und wohl berühmteste Großflugzeug der Geschichte ist dafür ein treffendes Beispiel – die Dornier Do-X des legendären Konstrukteurs Claudius Dornier, die am 25. Juli

1929 vom Bodensee aus zum Erstflug startete. Das riesige Flugboot sollte die Luftreise im Stile komfortabler Ozeanriesen revolutionieren, aber mit der damals verfügbaren Technologie war Dornier nicht in der Lage, diese Ambition auch umzusetzen. Das Revolutionärste an der innen sehr luxuriös mit Salon, Bar und Raucherraum ausgestatteten Do-X war ihre schiere Größe mit 40 Metern Länge und 48 Metern Spannweite, einem doppelstöckigen Ganzmetall-

Die legendäre Do-X aus Friedrichshafen sollte 66 Passagiere und 14 Besatzungsmitglieder nonstop über den Atlantik fliegen, doch sie war trotz ihrer zwölf Motoren zu langsam und zu schwer. (EADS Heritage OTN)

Rumpf und zwölf Neunzylinder-Radialmotoren. Nachdem sich die ursprünglich installierten Bristol Jupiter-Triebwerke als zu schwach erwiesen und das Flugzeug nur auf 420 Meter Flughöhe brachten, wurden sie durch stärkere Curtiss Conqueror-Motoren mit je 640 Pferdestärken ersetzt. Wegen der aerodynamisch ineffizienten Tragflächen und

Die wenig windschnittige Form des Rumpfbugs der Bréguet 763 Provence erinnert fast ein wenig an die Gestaltung der Frontpartie der A380. (Air France)

des nun höheren Gewichts machte es aber auch diese Modifikation unmöglich, die zum wirtschaftlichen Betrieb benötigte Anzahl von Passagieren zu befördern. Bis zu 56 Tonnen Startgewicht mussten die Motoren aus dem Wasser stemmen – eine manchmal kaum zu bewältigende Aufgabe. In einem Extremfall war die Do-X selbst nach 13 Kilometern Startlauf nicht in der Lage abzuheben. Selbst wenn dies gelang dauerte der Aufstieg in die ohnehin bescheidene Reiseflughöhe von maximal 1250 Metern scheinbar endlose 20 Minuten, und das bei einer sehr geringen Reisegeschwindigkeit von gerade mal 175 km/h.

Keine Frage, nur gut ein Jahrzehnt nach der Schmach des Ersten Weltkriegs und der erzwungenen Stilllegung der deutschen Luftfahrtindustrie war die Do-X ein Meilenstein, der die Welt aufhorchen ließ. Bereits im Oktober 1929 startete das Flugboot mit der Rekordzahl von 169 Menschen an Bord – zehn Mann Besatzung, 150 geladenen Gästen und neun blinden Passagieren. Im November 1930 hob die Do-X zu ihrer triumphalen Reise nach New York via Brasilien ab, wo sie allerdings wegen sich häufender Pannen und Verzögerungen erst neun Monate später ankam. Der Rückflug verlief dagegen in

Die Junkers G-38 von 1929 war das größte Landflugzeug ihrer Zeit – die Spannweite betrug 44 Meter. In den Flügelansätzen saßen Passagiere, die durch große Fenster einen Blick nach vorn hatten. (EADS Heritage OTN)

nur fünf Tagen glatt, am 24. Mai 1932 landete die Do-X auf dem Berliner Müggelsee vor Tausenden Schaulustigen. An einen kommerziellen Betrieb aber war nicht zu denken und nie ist ein einziger zahlender Passagier in ei-

ner der drei gebauten Do-X geflogen. Eine Maschine landete in der 1936 eröffneten Deutschen Luftfahrtsammlung in Berlin und wurde bei Bombenangriffen im Krieg zerstört. Die beiden anderen wurden nach Italien ausgeliefert und sind verschollen.

Auch das größte Landflugzeug jener Zeit kam aus Deutschland – die Junkers G-38, deren Erstflug am 6. November 1932 in Dessau stattfand. Der für 34 Passagiere ausgelegte 23,20 Meter lange Hochdecker im Junkers-typischen Wellblech-Kleid wurde nur in zwei

Exemplaren gebaut, die anders als die Do-X aber durchaus erfolgreich Passagiere transportierten. Die „Generalfeldmarschall von Hindenburg" mit dem Kennzeichen D-2000 wurde ab September 1931 von der Lufthansa im Liniendienst eingesetzt, später folgte ihr die zweite G-38 mit der Registrierung D-2500. Das Auffälligste an der G-38 war neben dem dreigeteilten Leitwerk ihr gewaltiger Flügel, mit 44 Metern Spannweite der Größte der Welt. Die G-38 war für Hugo Junkers ein technischer Kompromiss, der seinen Ideen zum Nurflügler am nächsten kam. Bereits 1909 hatte Junkers ein Patent zum „dicken Flügel" angemeldet, indem der 1,70 Meter hohe Flügel sowohl für Motoren, Tanks und Gepäckräume genutzt wurde als auch für die Unterbringung von Passagieren: Auf beiden Seiten des Rumpfes konnten jeweils drei Fluggäste in einer separaten Kabine sitzen und aus riesigen Panoramafens-

Die berühmte Hercules H4 „Spruce Goose" von Howard Hughes flog nur einmal, am 2. November 1944. Ihre Spannweite von gut 97 Meter hat nie wieder ein Flugzeug erreicht. (Evergreen Aviation Museum)

Die A380 und ihre Ahnen und Vorgänger unter den Passagierflugzeugen

	Airbus A380-800	Boeing 747-400	Boeing 747-200B	Boeing 707-320B
Erstflug	2005	1989	1971	1962
Länge	72,70 m	70,7 m	68,60 m	46,61 m
Spannweite	79,80 m	64,40 m	59,64 m	44,42 m
Max. Startgew.	560 t	541 t	378 t	151 t
Passagiere	853 / 555 üblich	660 / 416 üblich	490 / 366 üblich	215 / 189 üblich
Antrieb	4 Triebwerke	4 Triebwerke	4 Triebwerke	4 Triebwerke
Flügelfläche	845 Quadratm.	541 Quadratm.	511 Quadratm.	283 Quadratm.
Anzahl gebaut	>160	>640	389	174 + 337 B707–320C

	Mc Donnell Douglas DC-8-60	Lockheed L1049 Super Constellation	Douglas DC-7	Tupolew Tu-114
Erstflug	1966	1950	1953	1957
Länge	57,10 m	34,62 m	33,20 m	54,10 m
Spannweite	43,41 m	37,62 m	35,81 m	51,10 m
Max. Startgew.	147 t	62 t	57 t	171 t
Passagiere	269/ 210 üblich	69-95	60-95	120-220
Antrieb	4 Triebwerke	4 Motoren	4 Motoren	4 Motoren mit 8 Propellern
Flügelfläche	272 Quadratm.	153 Quadratm.	135 Quadratm.	311 Quadratm.
Anzahl gebaut	446	265	338	Ca. 30

Die Short Solent von 1944 war ein Flugboot der letzten Generation und verfügte auf zwei Decks über einen Komfort, von dem Fluggäste heute nur träumen können. Noch 1960 flog die Solent zwischen Fidschi und Tahiti. (Archiv Borgmann)

tern in Flugrichtung schauen, weitere zwei Reisende fanden in der Rumpfnase Platz. Die Geschwindigkeit war mit nur 210 km/h bescheiden, aber der Riesenflügel und die effizienten Flügelklappen sorgten für gute Starteigenschaften, eine kurze Rollstrecke bis zum Abheben sowie niedrige Landegeschwindigkeiten. Dank ihrer Reichweite von rund 2000 Kilometern flog die Lufthansa mit der G-38 Liniendienste unter anderem nach Rom, London und Stockholm, bevor 1939 die Luftwaffe das Flugzeug übernahm.

Für ihre ersten Transatlantikflüge verließen sich Fluggesellschaften wie Pan American in den 1930er-Jahren wegen vielerorts fehlender Landeplätze an Land vor allem auf Flugboote, und ein solches mit hoher Kapazität und Reichweite hatte Pan Am 1936 bei Boeing in Auftrag gegeben. Am 28. Juni 1939 begann Pan Am mit der frisch gelieferten Boeing 314 Clipper den weltweit ersten Passagierdienst über den Atlantik, später folgte die Pazifikroute von San Francisco nach Hongkong. Die Boeing 314 war zu jener Zeit das größte Passagierflugzeug der Welt. Angetrieben von vier jeweils 1500 Pferdestärken leistenden Double Cyclone 14-Zylinder-Radialtriebwerken schaffte es die Clipper, mit einer Reisegeschwindigkeit

Oben: Die sechsstrahlige Antonow An-225 von 1988 wurde ursprünglich für den Transport der russischen Raumfähre „Buran" entwickelt. Das größte heute fliegende Flugzeug der Welt kann 250 Tonnen Fracht zuladen. (Spaeth)

Unten: Die An-225 im Landeanflug. Um das extreme Startgewicht von bis zu 600 Tonnen gleichmäßig zu verteilen ist das Fahrwerk so umfangreich wie bei keinem anderen Flugzeug, inklusive vier Rädern am Bug. (Spaeth)

von rund 300 km/h bis zu 74 Passagiere fast 6000 Kilometer weit zu befördern; während des Krieges stand sie in militärischen Diensten. Insgesamt wurden zwölf der 32 Meter langen Flugboote gebaut, die mit einer Spannweite von 46 Metern ebenfalls über gewaltige Flügel verfügten. Die letzten Liniendienste mit der Boeing 314 betrieb BOAC bis Januar 1948 zwischen Bermuda und New York. Die britische Langstreckengesellschaft verfügte zu dieser Zeit schon über ein Mega-Flugboot der letzten Generation, die Short Solent. Die 1944 zum Erstflug gestartete, knapp 27 Meter lange Solent war für maximal 34 Passagiere ausgelegt, die auf zwei Decks beinahe über jenen üppigen Komfort verfügten, den Airbus in frühen Marketing-Kampagnen auch den künftigen A380-Fluggästen in Aussicht stellte. Verbunden über eine Wendeltreppe konnten sich BOAC-Kunden in der Short Solent auf zwei Ebenen in einer Lounge, einem Restaurant oder der

Cocktail Bar aufhalten, sich auf einer Art Promenade die Beine vertreten oder in der Bibliothek schmökern. Bis November 1950 verkehrte die Short Solent, angetrieben von vier Bristol Hercules 14-Zylinder-Radialmotoren mit jeweils 1690 Pferdestärken, auf der Südafrika-Route. Das letzte Kapitel seiner Geschichte erlebte das Flugboot in der verbesserten Version Short Solent 4 mit auf 4800 Kilometer erhöhter Reichweite bei Tasman Empire Airways in Neuseeland. Sie setzte die Solent ab November 1949 zwischen Auckland und Sydney ein und ab Juni 1950 auf die Fidschi-Inseln. Erst im September 1960 endeten die letzten Dienste zwischen Fidschi und Tahiti.

Eines der größten und ungewöhnlichsten Flugzeuge der Luftfahrtgeschichte war ebenfalls ein Flugboot, das allerdings nie für den kommerziellen Passagierverkehr vorgesehen war. Die Anforderung an den Konstrukteur war aber, dass das Flugboot in der Lage sein sollte, bis zu 750

Die Boeing 377 Stratocruiser von 1948 überwand den Atlantik nonstop in zehn Stunden und setzte Maßstäbe beim Komfort. Der Rumpfquerschnitt weist die Form einer Acht auf. (Archiv Borgmann)

Mit der Boeing 707 hielt die Ära der Langstreckenjets auch bei Lufthansa Einzug. Die Boeing 707-430 D-ABOF war vom 1. Oktober 1960 bis zum 30. April 1977 in Diensten des Kranichs unterwegs. (Lufthansa)

Soldaten über den Atlantik zu transportieren. Einem breiten Publikum dürfte die „Spruce Goose" (zu deutsch Fichtengans), das rein aus Holz gefertigte Riesenflugboot des Milliardärs Howard Hughes, aus dem jüngsten Kinoerfolg „The Aviator" mit Leonardo di Caprio in der Hauptrolle bekannt sein. Dort wird auch der einzige Flug der Spruce Goose gezeigt – gerade mal eine Meile weit in 30 Meter Höhe über dem Wasser am 2. November 1947. Die Spannweite von 97,54 Metern wurde nie wieder erreicht – selbst die Flügel des sonstigen Rekordhalters in Sachen Größe, des sechsstrahligen russischen Mega-Frachters Antonow An-225 von 1988, messen in ihrer Ausdehnung fast zehn Meter weniger, der A380 bringt es sogar nur auf fast 20 Meter kürzere Tragflächen. Auch die Flügelfläche der heute in McMinnville, Oregon/USA, im Museum stehenden Spruce Goose von unglaublichen 1067 Quadratmetern ist nie wieder erreicht worden.

Den Standard für komfortables Reisen nach dem Krieg setzte ab 1948 die Boeing 377 Stratocruiser, ebenfalls ausgerüstet mit einer auf zwei Ebenen verteilten Passagierkabine. Mit einer Reichweite von rund 6800 Kilometern und einer Reisegeschwindigkeit von 600 km/h war sie in der Lage, bis zu 114 Passagiere in unerreichtem

Luxus in nicht viel weniger als zehn Stunden nonstop von New York nach London zu befördern. Ihre Druckkabine und die Fähigkeit, mit hoher Geschwindigkeit in großen Flughöhen von bis zu fast 10.000 Metern über den Turbulenzen der unteren Luftschichten zu fliegen, machte einen erheblichen Unterschied zu allen Vorkriegsbaumustern und Flugbooten aus. Der Rumpfquerschnitt, hervorgegangen aus dem Stratofreighter-Militärfrachter, ähnelte in seiner Form einer Acht und wurde damals schon „double bubble" genannt – eine Konfiguration, die ein gutes halbes Jahrhundert später auch in den Entwürfen der A380 wieder eine Rolle spielen sollte. Pan Am betrieb ab 1948 insgesamt 27 Stratocruiser und BOAC 17, doch wegen ihrer militärischen Ursprünge und extrem komplexer und störanfälliger Wasp Major-Triebwerke blieb dem Stratocruiser der ganz große Erfolg versagt, nur 56 Stück wurden gebaut. In den spä-

Das Konzept des doppelstöckigen Verkehrs- und Frachtflugzeugs brachten die Franzosen bereits 1949 mit der Bréguet 763 Provence auf den Markt, die auch „Deux Ponts" (zwei Decks) hieß. (Air France)

ten 1950er-Jahren tauschte Pan Am den Stratocruiser beim Hersteller dann gegen die aufkommende Boeing 707, den ersten Langstrecken-Jet, ein.

Aber nicht nur in Amerika, auch in Europa gab es unmittelbar nach dem Krieg zivile Großflugzeuge. Den ersten europäischen Doppelstöcker der Nachkriegszeit entwickelten die Franzosen bereits seit 1944, doch ihren Erstflug erlebte die Breguet 763 Provence durch die Wirren des Kriegsendes erst im Februar 1949. Das äußerlich gedrungene und alles andere als stromlinienförmige Flugzeug wurde vom Hersteller selbst als Deux Ponts (zwei Decks) bezeichnet und war alternativ als Frachter und Passagierflugzeug konzipiert. Das französische Verkehrsministerium veranlasste Air France, zwölf Breguet 763 zu bestellen. Ab August 1952 setzte die Gesellschaft die ersten Maschinen auf Flügen nach Algerien, Tunesien sowie zwischen Paris und London ein. Vom Doppelstock-Luxus anderer Flugzeuge war hier keine Rede mehr, üblicher-

Auch die McDonnell Douglas DC-8 von 1959 stellte einen Quantensprung in der Größe dar – innerhalb von nur zwei Jahrzehnten hatte sich die Kapazität seit der DC-3 mehr als versiebenfacht. (Archiv Spaeth)

weise befanden sich 59 Sitze der Touristenklasse auf dem Oberdeck und 48 der Zweiten Klasse auf dem Unterdeck, maximal 135 Passagiere konnten befördert werden, beide Decks waren verbunden durch eine Treppe im Heck. Sollte neben Passagieren durch die großen seitlichen Türen hinten am Rumpf zusätzlich Fracht geladen werden, ließen sich die Sitze im Unterdeck sowie die Treppe entfernen, eine bewegliche Wand sorgte dann für eine Trennung zwischen Fluggästen und Frachtgut. Die vier luftge-

Oben: Die Bristol Brabazon von 1949 verfügte mit 70 Metern über die bis heute viertgrößte Spannweite aller je gebauten Flugzeuge. Sie bot auf zwei Decks viel Luxus, kam aber nie auf den Markt. (BAe)

Unten: Die Tupolew Tu-114 von 1957 für bis zu 220 Passagiere war der weltgrößte Turboprop-Airliner und das schwerste je gebaute Verkehrsflugzeug vor der Einführung der Boeing 747. (EADS Heritage OTN)

Die Ära der Kolbenmotor-Großflugzeuge für Langstrecken begann bei Lufthansa mit dem Neustart nach dem Krieg. Die Lockheed L-1649A Starliner wie hier die D-ALAN waren ab 1957 im Einsatz. (Lufthansa)

kühlten 18-Zylinder-Radialmotoren vom Typ Pratt & Whitney R-2800 mit jeweils 2100 Pferdestärken Leistung brachten die Breguet 763 mit ihren maximal 51,6 Tonnen Startgewicht in die Luft und beschleunigten sie auf 390 km/h in einer Reiseflughöhe von 3050 Metern. Erst 1964 gab Air France sechs ihrer Breguet 763 an die französische Luftwaffe ab, wo sie nach Modifikationen als Frachter unter dem neuen Namen Universal bis 1971 Dienst taten und unter anderem zur Beförderung der Olympus-Triebwerke für die Concorde vom Herstellerwerk in Bristol nach Toulouse eingesetzt wurden.

In Großbritannien machte man sich bereits vor Kriegsende Gedanken, welche Flugzeuge zum Passagiertransport in der Nachkriegszeit benötigt würden. Schon frühzeitig begann ein Komitee unter Lord Brabazon fünf Flugzeugtypen zu definieren, für die man Bedarf sah. Eines davon sollte nonstop zwischen London und New York verkehren können, und für diese Aufgabe entwickelte man bis 1944 die Bristol Brabazon mit einem Rumpfquerschnitt, der jenem der heutigen Boeing 767 entsprach. Bis zu hundert Passagiere sollten im Langstreckendienst in dem 54 Meter langen Riesenflugzeug befördert werden können, dessen Spannweite größer als die der Boeing 747 war. Die Brabazon war dazu mit acht in Paaren gekoppelten Bristol Centaurus 18-Zylinder-Ra-

dialtriebwerken ausgestattet, die jeweils eine Leistung von 2500 Pferdestärken brachten. Der Erstflug fand nach langen Verzögerungen erst im September 1949 statt. Schon nach wenigen Testflügen stellte sich heraus, dass immer wieder Ermüdungsrisse in der Propelleraufhängung auftraten und dies führte schließlich zum baldigen Ende des in seinen Erfolgsaussichten ohnehin zweifelhaften Programms. Nach Investitionen von drei Millionen britischen Pfund wurden beide Prototypen 1953 abgewrackt. Bereits während des Krieges war in England auch ein gigantisches neues Flugboot entwickelt worden, dass vor allem auf BOAC-Transatlantikstrecken zum Einsatz kommen sollte. Aber das Konzept der Saunders-Roe Princess hatte sich bereits in den letzten Kriegsjahren überlebt, weil gerade durch den Krieg überall auf der Welt Tausende von neuen Landeplätzen an Land entstanden waren, die den Einsatz der unwirtschaftlichen Flugboote grundsätzlich überflüssig machten. Obwohl

Die A380 und ihre Ahnen und Konkurrenten unter den Frachtern

	Airbus A380-800 Frachter	Boeing 747-400 Frachter
Erstflug	2007	1993
Länge	72,70 m	70,70 m
Spannweite	79,60 m	64,40 m
Max. Startgew.	590 t	397 t
Fracht	150 t	113 t
Antrieb	4 Triebwerke	4 Triebwerke
Flügelfläche	845 Quadratm.	541 Quadratm.
Anzahl gebaut	> 17	> 105

	Antonow An-22	Lockheed C5A Galaxy	Antonow An-124	Antonow An-225
Erstflug	1965	1968	1982	1988
Länge	57,91 m	75,54 m	69,10 m	84 m
Spannweite	64,41 m	67,88 m	73,30 m	88,40 m
Max. Startgew.	250 t	348 t	405 t	600 t
Fracht	80 t	195 t	150 t Fracht + 88 Passagiere	250 t
Antrieb	4 Turboprops mit 8 Propellern	4 Triebwerke	4 Triebwerke	6 Triebwerke
Flügelfläche	345 Quadratm.	576 Quadratm.	628 Quadratm.	900 Quadratm.
Anzahl gebaut	> 65	> 110	> 120	2

dieser unumkehrbare Trend deutlich erkennbar war, wurde das Projekt unbeirrt weiter verfolgt. Die Saunders-Roe Princess verfügte über einen „double bubble"-Rumpfquerschnitt, wobei nur der obere Bereich als Druckkabine für die bis zu 200 Passagiere vorgesehen war. An den riesigen Flügeln, deren Fläche jene der Do-X übertraf und deren Spannweite einen halben Meter größer war als jene der Boeing 747, hingen insgesamt zehn Bristol Proteus-Turboprop-Motoren, von denen jeder 3780 Pferdestärken leistete. Die Motoren arbeiteten in vier Paaren mit achtblättrigen, gegenläufigen Propellern sowie außen jeweils mit einem Einzelmotor. Nach dem Erstflug im August 1952 zeigten sich genau wie bei der Brabazon sehr bald Probleme mit der Aufhängung der gegenläufigen Propeller und das Programm wurde schon 1954 aufgegeben, nachdem ebenso wie bei der Brabazon nur ein Prototyp je geflogen war.

Erfolgreicher setzte die russische Luftfahrtindustrie auf Größe und konnte noch in der Vor-Jet-Ära mit Superlativen aufwarten, indem sie mit der Tupolew Tu-114 ab Oktober 1957 den größten und schnellsten je gebauten Turboprop-Airliner erprobte und nach langen Verzögerungen im April 1961 bei Aeroflot einführte. Dieses eindrucksvolle Passagierflugzeug wurde parallel mit dem Langstreckenbomber Tupolew Tu-20 entwickelt und nutzte dessen Tragflächen, Leitwerk, Fahrwerk und in gestreckter Form auch den Rumpf. Die Größe der Tu-114 war ein Problem für den Flugbetrieb – das Flugzeug konnte mit maximal acht Sitzen pro Reihe bestückt bis zu 220 Passagiere befördern, doch nur wenige Routen

in der Sowjetunion verzeichneten ein entsprechend großes Fluggastaufkommen. Viele Flughäfen stießen schon durch die Dimensionen der Maschine – ihre Länge betrug 54,10 Meter, ihre Spannweite 51,10 Meter – an ihre Grenzen, hinzu kamen die bis zu 179 Tonnen maximales Gewicht und die benötigte 1700 Meter lange Startbahn. Große Probleme gerade bei Besuchen auf westlichen Flughäfen schaffte auch die extreme Höhe des Fahrwerks und damit der Kabinentüren fünf Meter über dem Vorfeld. Angetrieben wurde der Gigant durch vier Kuznetsow NK-12MV-Turboprop-Motoren mit jeweils 14.784 PS; zwei vierblättrige Propeller je Motor drehten sich in gegenläufiger Richtung um die Kraftumsetzung zu erhöhen. Sowohl in der Geschwindigkeit von 770 km/h als auch in der Reiseflughöhe von 12.000 Metern und der Reichweite von 6200 Kilometern stand die Tu-114 den westlichen Jets jener Zeit kaum nach. Insgesamt stellte sie 32 Flugrekorde auf und transportierte Staats- und Parteichef Nikolai Chruschtschow auf einem Nonstopflug von Moskau nach New York. Über sechs Millionen Passagiere flogen in den etwa 30 für Aeroflot gebauten Maschinen, deren letzte 1971 außer Dienst gestellt wurde.

Schon zu Zeiten, als Kolbenmotor-Flugzeuge wie die Lockheed Super Constellation oder die Douglas DC-7 in den 1950er-Jahren die Transatlantikverbindungen beherrschten, zeigte sich das enorme Wachstum des zivilen Luftverkehrs in immer größeren Flugzeugen mit mehr Passagierkapazität. Innerhalb von nur elf Jahren

Die ab 1953 im Linienverkehr eingesetzte Douglas DC-7 setzte als Kolbenmotor-Flugzeug für bis zu 189 Passagiere Maßstäbe auf Langstrecken kurz vor Anbruch der Jet-Ära. (Boeing)

hatte sich bereits von der Douglas DC-3 (Erstflug 1935) zur Douglas DC-6 (Erstflug 1946) die Anzahl der Sitze von 24 auf 58 mehr als verdoppelt. Die 1955 auf den Markt kommende DC-7C konnte bereits 105 Fluggäste bis zu 9000 Kilometer weit befördern. Ein wirklicher Quantensprung in Sachen Größe war dann die Einführung der ersten Langstrecken-Jets: Die 1959 zum ersten Mal gestartete DC-8-40 konnte bereits bis zu 179 Reisende transportieren – in gut zwei Jahrzehnten hatte sich die Kapazität der gängigen Flugzeugtypen mehr als versiebenfacht. Der klassische Langstreckenjet der ersten Generation, die Boeing 707 (Erstflug 1957), brachte in ihrer 1962 herausgebrachten Version 707-320C bereits bis zu 215 zahlende Gäste unter, die 1966 auf den Markt kommende DC-8-61 fasste dann sogar bis zu 269 Fluggäste. Doch bald stellte sich die Frage: Wie konnte die weiter unabsehbar stürmische Entwicklung des weltweiten Luftverkehrs technisch bewältigt werden? Die wichtigsten Flugzeugtypen Boeing 707 und DC-8 waren bereits mehrfach verlängert worden, die vorhandenen Triebwerke stießen an ihre Leistungs-

grenzen und der Tunneleffekt der bereits auf über 57 Meter (DC-8-61/71) gestreckten Aluminiumröhren war ein Minuspunkt in den Augen der Passagiere und überdies strukturell nicht weiter fortzusetzen.

In seinem 1973 erschienenen Buch „The Great Gamble" über die Entstehung der Boeing 747 schreibt Laurence Kuter, der damals selbst in der Chefetage des Erstkunden Pan American saß: „Nachdem das Konzept einer weiteren Streckung der 707 aufgegeben worden war, untersuchten die Teams von Boeing und Pan Am im Detail die Durchführbarkeit einer doppelstöckigen 707. Sie kamen zu dem Schluss, dass das Konzept technisch

Oben: Die Boeing 707-330 bildete ab 1963 das Rückgrat der Lufthansa-Langstreckenflotte. Dank höherer Reichweite nahm Lufthansa mit diesem Typ Strecken nach Japan und Australien auf. (Lufthansa)

Unten: Auch die Boeing 747 verfügt über ein mächtiges Hauptfahrwerk aus 16 Rädern. (Lufthansa)

Die Boeing 747-230B D-ABYJ flog bei Lufthansa ab 1976 in der Combi-Version mit Fracht-Abteil auf dem Hauptdeck hinter der Passagierkabine. (Lufthansa)

Die Lockheed C5A Galaxy von 1968 ging aus dem Wettbewerb der US Air Force um einen strategischen Frachter gegen Boeing als Sieger hervor. Aus dem unterlegenen Boeing-Entwurf wurde dann die 747. (Lockheed)

machbar war". Heute ist allgemein in Vergessenheit geraten, dass es keineswegs die Airbus-Ingenieure auf der Suche nach einem Konzept für die heutige A380 oder zuvor ihre Boeing-Kollegen bei der Prüfung von Optionen zur weiteren Optimierung der 747 waren, die das Konzept eines modernen Verkehrsflugzeugs mit zwei durchgängigen Passagierdecks erstmals prüften. Dieselben Erwägungen wie Anfang der 1990er-Jahre in Toulouse und Seattle hatten schon einmal Mitte der 60er-Jahre in den USA stattgefunden. „Das Konzept von einem runden 707-Rumpf auf einem zweiten, ineinander verschmolzen zum Rumpfquerschnitt einer fetten Acht, würde fast die doppelte Kapazität der jetzigen 707 bringen bei weit geringeren Kosten für Entwicklung und Flugbetrieb", schreibt Kuter. Und weiter: „Eine Zeitlang wirkte dieses Konzept viel versprechend". Doch Pan Am wollte das neue Flugzeug gleichzeitig für Passagier- und Frachtbeförderung nutzen, was zu größeren Problemen in der Bodenabfertigung geführt hätte. Als noch entscheidender aber erwies sich eine andere Hürde, die heute bei der Einführung des A380 noch exakt genauso gilt. „Eines der schwierigsten Probleme von allen aber würde die Evakuierung dieses Oberdecks in luftiger Höhe in jenen 90 Sekunden sein, die die FAA verlangt, bevor

sie das Flugzeug für den Passagierverkehr zulässt", weiß Laurence Kuter. „Es gab einfach keine akzeptable Methode, 175 Menschen in denselben 90 Sekunden runter vom Oberdeck und raus aus dem Flugzeug zu bekommen, in denen sich auch die anderen 175 Menschen aus dem Unterdeck auf die Rutschen stürzen würden. Bis Mitte 1965 hatten die Teams von Boeing und Pan Am die Idee, die große interkontinentale 707-321 nochmal zu strecken oder als Doppelstöcker zu konzipieren so gut wie aufgegeben", berichtet Kuter.

Aus diesem Beschluss erwuchs dann der größte Quantensprung, den die zivile Luftfahrt bis heute erlebt hat – die Boeing 747. Ihr Konzept entstand aus dem Entwurf Boeings für die Ausschreibung um ein strategisches Frachtflugzeug für die US Air Force, deren Gewinner aber Lockheed mit der C5A Galaxy wurde. Die Galaxy hatte 1968 ihren Erstflug und blieb über ein Jahrzehnt das größte Flugzeug der Welt, bis ihr 1982 der russische

Quantensprünge der Vergangenheit – frühe Großflugzeuge im Vergleich

	Junkers G-38	Dornier Do-X Flugboot	Boeing 314 Clipper Flugboot	Short Solent Flugboot
Erstflug	1929	1929	1938	1944
Länge	23,19 m	40,05 m	32,31 m	26,72 m
Spannweite	44 m	48 m	46,33 m	34,38 m
Max. Startgew.	24 t	56 t	38,1 t	36 t
Passagiere	34	160 / 100 üblich	74	44
Antrieb	4 Motoren	12 Motoren	4 Motoren	4 Motoren
Flügelfläche	300 Quadratm.	450 Quadratm.	266 Quadratm.	156 Quadratm.
Anzahl gebaut	8	3	12	22

	Boeing Stratocruiser	Hughes Hercules H4 Spruce Goose	Breguet 763 Provence	Bristol Brabazon
Erstflug	1947	1947	1949	1949
Länge	33,63 m	66,65 m	28,94 m	53,95 m
Spannweite	43,05 m	97,54 m	43 m	70,10 m
Max. Startgew.	67 t	n. bek.	51 t	131 t
Passagiere	114	n. bek.	135	180
Antrieb	4 Motoren	8 Motoren	4 Motoren	4 Motoren
Flügelfläche	164 Quadratm.	1067 Quadratm.	185 Quadratm.	494 Quadratm.
Anzahl gebaut	56	1	20	1

	Saunders-Roe Princess Flugboot
Erstflug	1952
Länge	45,11 m
Spannweite	66,9 m
Max. Startgew.	149 t
Passagiere	200
Antrieb	10 Motoren
Flügelfläche	466 Quadratm.
Anzahl gebaut	3

Frachter Antonow An-124 Ruslan bei Spannweite und Startgewicht den Rang ablief. Pan American und Boeing und vor allem die charismatischen Firmenchefs Juan Trippe und William Allen setzten alles auf eine Karte und riskierten mit den eingesetzten Milliardenbeträgen die Existenz beider Unternehmen, um das für die Evolution des Luftverkehrs als dringend nötig empfundene visionäre Projekt eines Riesenflugzeugs umzusetzen. Unzählige Male drohte alles zu scheitern – schwierigstes Problem war die anfangs mangelnde Schubkraft der zur Verfügung stehenden Pratt & Whitney JT9D-Triebwerke. Als der Prototyp 747-100 schließlich am 9. Februar 1969 zum Erstflug startete, lagen 160 Festbestellungen von 27 Airlines vor – eine beinahe identische Anzahl, wie sie zum Erstflug der A380 für den Riesen-Airbus vorliegt. Die Boeing 747-100 kann in engster Einklassen-Bestuhlung bis zu 498 Passagiere auf einmal befördern. Vergleicht man die damals typische Auslegung der Boeing 707-320B mit 150 Plätzen und jene der Boeing 747-100 mit 375 Sitzen, so ergibt sich die bis heute nie wieder erreichte Steigerung der Kapazität um 150 Prozent auf einen Schlag. Dagegen ist der Übergang von der 747-400 mit üblicherweise 413 Sitzen zur A380 mit durchschnittlich 555 Plätzen keine Revolution wie damals, sondern nur eine Evolution, betonten die Airbus-Verkäufer. Der Kapazitätssprung liegt jetzt bei vergleichsweise bescheidenen 35 Prozent.

Der Erfolg und die Monopolstellung der 747, von der bis heute fast 1400 Exemplare in 18 verschiedenen Versionen bestellt wurden, sicherte Boeing 35 Jahre lang die führende Rolle im zivilen Flugzeugbau, satte Gewinne und ausreichend Kapital, um neue Projekte anzuschieben. Erst in den letzten Jahren gerieten die Fähigkeit und der Wille zu Innovation und Vision wie in den späten 1960er-Jahren in Seattle derart ins Hintertreffen, dass es Boeing weitgehend versäumt hat, mit adäquaten Produkten Anschluss an die Entwicklung im Flugzeugmarkt zu halten. Der beste Beweis dafür ist der eher hilflose Versuch, dem A3XX-Projekt wiederum gestreckte und modifizierte Versionen der 747 entgegenzusetzen. Deren Zeit aber, die rapide schwindenden Neubestellungen beweisen es, scheint abgelaufen. Es ist Zeit für eine neue Ära von Großflugzeugen, die diesmal die Europäer mit der A380 einläuten.

Oben: Die Antonow 124 von 1982 ist heute vom Militärfrachter zum erfolgreichen Flugzeug für zivile Schwerlasten geworden. Neben 150 Tonnen Fracht kann sie in einer Oberdeck-Kabine auch 88 Passagiere befördern. (Spaeth)

Rechts: Die Antonow 124 wird inzwischen in einer modernisierten Version neu hergestellt und ist etwa bei Hilfstransporten der Bundeswehr zum regelmäßig gecharterten Fluggerät geworden. (Spaeth)

Airbus – von der Vision zum Weltmarktführer

Der lange Weg eines Firmenkonsortiums aus sechs europäischen Ländern von bescheidenen Anfängen zum führenden Hersteller von Verkehrsflugzeugen.

Nach dem zweiten Weltkrieg hatten vor allem Frankreich und Großbritannien ihre nationalen zivilen Luftfahrtindustrien zügig wieder aufgebaut und der Luftfahrtwelt zu Beginn des Düsenzeitalters erfolgreiche Flugzeuge wie etwa die Caravelle oder die BAC 1-11 beschert. Doch schon während diese erste europäische Jet-Generation noch in voller Blüte stand wurde in verschiedenen Ländern über die Zukunft nachgedacht; im Juni 1965 fanden auf dem Aerosalon in Paris-Le Bourget erste informelle Gespräche darüber statt. Konkreter wurde es im Oktober 1965, als sich in London auf einer Konferenz Vertreter aller führenden europäischen Fluggesellschaften und Flugzeughersteller trafen. Ihr Ziel war es, Kriterien für ein Verkehrsflugzeug festzulegen, das auf stark gefragten europäischen Kurzstrecken eingesetzt werden sollte und speziell auf europäische Bedürfnisse zugeschnitten war. Bereits im November 1962 hatten sich Frankreich und Großbritannien auf den gemeinsamen Bau eines Überschall-Verkehrsflugzeugs geeinigt, aus dem später die Concorde wurde, doch bis zu einem Abkommen zur Länder übergreifenden Arbeit an einem Großraumflugzeug sollten noch fünf weitere Jahre vergehen.

Im November 1965 wurde als Resultat der Londoner Konferenz im Vormonat festgelegt, dass das angestrebte neue Flugzeug über 225 Sitzplätze verfügen sollte. Schon damals war man sich in der Branche einig, dass das Vorhaben ähnlich wie beim Überschall-Projekt zu gewaltig für einen einzelnen Hersteller sein würde. In Großbritannien waren die Hawker-Siddeley-Werke bereits dabei, aus dem vorhandenen Trident-Dreistrahler den Entwurf eines 230-Sitzers mit zwei unter den Tragflächen aufgehängten Triebwerken zu erarbeiten, der den Projektnamen HS 134 trug. In Frankreich hatten sich die Hersteller Bréguet und Nord Aviation zu einer Kooperation zusammengefunden. Interessanterweise brachten beide Seiten Entwürfe ein, die Jahrzehnte später bei der

Oben: Bei der Gründung von Airbus Industrie am 18. Dezember 1970 (rechts im Bild für Deutschland Franz-Josef Strauß) stand das Projekt A300B noch auf wackligen Füßen. (EADS Heritage OTN)

Unten: Das Airbus-Konsortium war bei Gründung 1970 ein Unternehmen nach französischem Recht, die Anteile lagen jeweils zu 50 Prozent in deutscher und französischer Hand. (EADS Heritage OTN)

Die fünfköpfige Besatzung des Erstflugs der A300B am 28. Oktober 1972 mit den beiden Werkspiloten Bernard Ziegler und Max Fischl. (EADS Heritage OTN)

Konzeption der Airbus-A3XX-Studien wieder auf den Tisch kamen: Das Projekt Bréguet Br124 sah einen „double bubble"-Rumpf mit zwei Decks für zusammen etwa 250 Passagiere vor, eine Weiterentwicklung der doppelstöckigen Bréguet 763 Deux Ponts von 1949. Als Triebwerke waren vier Rolls-Royce Spey-Turbinen vorgesehen, die paarweise unter den Flügeln montiert werden sollten. Nord wiederum hatte mit der N600 weit Ausgefalleneres im Sinn. In diesem Entwurf waren zwei Rümpfe seitlich aneinander angebracht mit einem Druckschott dazwischen – ebenfalls Jahrzehnte später wieder diskutiert in der Planungsphase der A3XX. Ende 1965 schloss sich Hawker-Siddeley den beiden französischen Projektgruppen an und gemeinsam entwickelte man fünf mögliche Lösungen, wie bis zu 300 Passagiere in Zukunft zu transportieren wären. Drei davon waren Doppeldeck-Entwürfe. Doch schnell wurde den Ingenieuren klar, dass doppelstöckige Lösungen große Probleme bei der Bodenabfertigung schaffen würden und außerdem die Evakuierungsfrage nicht zufriedenstellend zu lösen war. Auch das Projekt der seitlich verbundenen Rümpfe war wegen erwarteter Probleme bei Entwicklung und Produktion schnell wieder aus dem Rennen.

Übrig blieb der konventionellste Entwurf unter dem Namen HBN-100 mit neun Sitzen pro Reihe in einem kreisrunden Rumpf mit zwei Triebwerken unter den tief angebrachten Tragflächen. Anfang 1966 hatten sich in Frankreich auch Sud Aviation und Dassault zusammengetan, um an einem „Galion" genannten Großraum-Projekt zu forschen, das sich als der HBN-100 sehr ähnlich erwies bis hin zur Auswahl der Turbinen zwischen Rolls-Royce oder Pratt & Whitney. Bereits am 23. Dezember 1965 konstituierte sich in Deutschland die „Arbeitsgemeinschaft Airbus". Zu ihr gehörten die ATG Siebelwerke, Bölkow, Dornier, Flugzeug-Union Süd, HFB Hamburger Flugzeugbau, Messerschmitt sowie die Vereinigten Flugtechnischen Werke VFW. Ihr Ziel war es zum einen auszudrücken, dass auch die Deutschen an diesem Projekt und jedem

Am 28. Oktober 1972 um 10.39 Uhr erhebt sich mit dem Premieren-Start des Prototypen des A300B in Toulouse erstmals ein Airbus in die Luft. (EADS Heritage OTN)

künftigen europäischen Leitprogramm als nationaler Partner beteiligt sein wollten, und zum anderen, dem damals schon informell gebräuchlichen Namen „Airbus" einen offizielleren Klang zu geben. Schließlich wurde die HBN-100 offiziell als das favorisierte Modell ausgewählt und drei Hauptpartner für die weiteren Arbeiten benannt – Hawker-Siddeley, Sud Aviation und die Kooperation der deutschen Hersteller in der Arbeitsgemeinschaft Airbus. Im Oktober 1966 stellte das neue Konsortium bei den jeweiligen Regierungen offizielle Anträge auf finanzielle Unterstützung. Unterdessen wurde das Design überarbeitet und im Frühjahr 1967 war der Rumpfdurchmesser auf 6,40 Meter erhöht worden. Damit konnten nun 267 Passagiere auf Strecken bis zu 2200 Kilometer Länge befördert werden. Grund für die Änderung war unter anderem, eine möglichst hohe Kompatibilität mit der Boeing

747 herzustellen und damit die Bodenabfertigung zu erleichtern, aber auch Betriebskosten von 30 Prozent unter jenen der Boeing 727-100 zu erreichen. Später wird der Rumpfdurchmesser wieder auf 5,97 Meter zurückgenommen, dafür legte die Länge von 48,70 Meter im Juli 1967 auf 53,92 Meter im Juli 1968 zu. Diese Parameter, so waren sich die drei beteiligten Nationen einig, sollten von nun an die Grundlage des gemeinsamen Projekts sein. Man einigte sich darauf, den Franzosen die Design-Führerschaft zu übertragen, im Gegenzug wurde den Engländern zugestanden, das Rolls-Royce RB207 zum Triebwerk zu machen, obwohl viele potenzielle Airline-Kunden Wert auf das JT9 von Pratt & Whitney legten, weil dies auch ihre Boeing 747-Flotten antreiben würde. Die Kostenteilung wurde auf jeweils 37,5 Prozent für Großbritannien und Frankreich festgelegt, die restlichen 25 Prozent entfielen auf Deutschland. Am 26. September 1967 schlug formal die Geburtsstunde von Airbus mit der Unterzeichnung eines „Memorandum of Understanding" zwischen den drei Ländern, in dem alle Vereinbarungen besiegelt wurden.

Eine Klausel allerdings setzte dem Projekt eine hohe Hürde: Der Bau eines Prototyps würde nur genehmigt, wenn bis zum 31. Juli 1968 mindestens 75 Festbestellungen der führenden Fluggesellschaften der drei beteiligten Länder vorliegen würden. Schon bei Vertragsabschluss herrschte in der Branche wenig Optimismus, dass dies zu erfüllen sei, da die europäischen Carrier bis dato nur eher lauwarme Bekenntnisse zum Airbus-Projekt abgaben. Die Lufthansa zum Beispiel wiederholte ihre frühere Aussage, dass sie vor 1975 keinen Bedarf für ein 250-300 Passagiere fassendes Flugzeug sähe – bis dahin sei die Boeing 727 vollkommen ausreichend. Mit inzwischen verfügbaren stärkeren Triebwerken wurde das inzwischen als A300 bezeichnete Flugzeug immer größer, und solche andauernden Veränderungen am Design taten ein Übriges, die Begeisterung bei den Airlines in engen Grenzen zu halten. Nur die französischen Staatslinien Air France und Air Inter gaben sich öffentlich als treue Unterstützer des Projekts und versprachen große Bestellungen. Doch das ursprünglich gesetzte Ultimatum verstrich und die zuständigen Minister gewährten dem Projekt vier weitere Monate für Designstudien und Verkaufsanstrengungen. Ende 1968 war immer noch kein wesentlicher Fortschritt in Sicht und es schien wahrscheinlich, dass das ganze Projekt scheitern würde. Sud Aviation war bereits weiter mit eigenständigen Entwürfen beschäftigt und die Unsicherheit, die das A300-Projekt umgab, gab den Planern alternativer Lösungen wei-

teren Auftrieb. Am 11. Dezember 1968 nahm die Angelegenheit wieder eine drastische Wendung – Sud und Hawker-Siddeley präsentierten eine verkleinerte Version namens A300B, die sowohl dem Wunsch verschiedener Airlines entsprang als auch der Verfügbarkeit neuer Rolls-Royce RB211-Triebwerke entsprach und schließlich dem Drang entgegen kam, das Landegewicht und damit die Betriebskosten zu verringern. Inzwischen war man wieder beim 250-sitzigen HBN-100-Entwurf von vor drei Jahren angekommen. Auch Air France und Air Inter, die ursprünglich die 300-Sitzer-Lösung favorisierten, waren damit einverstanden. Es fehlte eigentlich nur noch der offizielle Startschuss der beteiligten Regierungen. Doch nun blieben die Briten auf der Strecke und verkündeten am 10. April 1969 ihren Ausstieg. Deutschland und Frankreich unterzeichneten am 29. Mai 1969 davon unbeeindruckt ein Regierungsabkommen über Entwicklung und Bau des Airbus A300B und einigten sich darauf, die Kosten zu teilen. Das Problem war nur, dass weder die deutschen noch die französischen Partner in der Lage waren, die von Hawker-Siddeley entwickelten und zu fertigenden Tragflächen selbst zu produzieren. Da eine kurzfristig erwogene Verschiebung des Projekts um zwei bis drei Jahre wegen konkurrierender Projekte in England

Die Lufthansa nahm ihre ersten Linienflüge mit der A300B2 am 1. April 1976 auf. Hier im Bild im Jahr 1977 die D-AIAC, das dritte abgelieferte Airbus-Flugzeug in der Kranich-Flotte. (Lufthansa)

Der Prototyp des A310-200 im Februar 1982 vor dem „Roll in" in Toulouse. Lufthansa gehörte neben Swissair zu den Erstkunden und setzte die A310 erstmals am 10. April 1983 zwischen Frankfurt und Stuttgart ein. (Lufthansa)

(mit dem bald eingestellten Entwurf einer BAC 3-11) und den USA (mit der Lockheed L-1011 TriStar und der McDonnell Douglas DC-10) nicht in Frage kam, wurde Hawker-Siddeley auch ohne offizielle britische Beteiligung wieder ins Boot geholt und konnte ohne Unterbrechung am Airbus-Projekt weiter mitarbeiten.

Im November 1969 stießen auch noch die Niederlande zum Airbus-Konsortium, vertreten durch Fokker-VFW. Im Herbst 1970 zog sich dagegen Dornier aus der deutschen Herstellergruppe zurück, da sich die Firma den finanziellen Belastungen durch das Projekt nicht mehr gewachsen fühlte – glücklicherweise hatte diese Entwicklung wenig praktische Auswirkungen auf den weiteren Fortgang. Nachdem sich Hoffnungen auf einen offiziellen britischen Wiedereintritt nach den Unterhauswahlen Ende 1970 zerschlugen, wurde am 18. Dezember 1970 offiziell Airbus Industrie gegründet. Das jeweils zu 50 Prozent in deutscher und französischer Hand liegende Konsortium nach französischem Recht bestand aus Aérospatiale, ihrerseits hervorgegangen aus Fusionen zwischen Sud Aviation, Nord Aviation, Dassault und Bréguet, sowie Fokker-VFW und der Deutschen Airbus aus MBB und VFW, den

letzten verbleibenden von ehemals sieben deutschen Firmen. Jeweils 36,5 Prozent der Produktion wurden in deutsche und französische Hände vergeben, sieben Prozent an die Niederländer sowie ironischerweise rund 20 Prozent an Hawker-Siddeley und Großbritannien, obwohl die Briten offiziell nicht Mitglied des Konsortiums waren. Doch die lange Ungewissheit um das Projekt forderte ihren Tribut – nur Air France hatte zu diesem Zeitpunkt in einer formellen Absichtserklärung sechs Festbestellungen und eine Option über weitere zehn Flugzeuge erteilt. Nun stand trotz wirtschaftlicher Unwägbarkeiten dem praktischen Projektstart nichts mehr im Wege – die A300B wies jetzt eine Länge von 53,60 Meter auf und einen Rumpf-durchmesser von 5,64 Meter, was in üblicher Einklassen-Bestuhlung bis zu 281 Passagieren Platz bieten sollte und bei neun Sitzen pro Reihe auf bis zu 345 Plätze gesteigert werden konnte. Im Frühjahr 1971 nahm der Prototyp in Toulouse Form an, und bis dahin resultierten die Ver-kaufsanstrengungen in 39 Kaufzusagen, die aber noch keine einzige Festbestellung bedeuteten. Trotzdem ent-schied sich Airbus, zunächst acht A300B zu bauen. Am 3. November 1971 schließlich verzeichnete der Marktneu-ling die ersten Festbestellungen – Air France bestätigte den Kauf von sechs Flugzeugen und Optionen über wei-tere zehn. Kurz vor Weihnachten 1971 schloss sich auch noch die staatliche spanische CASA dem bisher binatio-nalen Konsortium mit einem Anteil von 4,2 Prozent an, die Anteile der deutschen und französischen Firmen san-ken damit auf jeweils 47,9 Prozent. Am 28. September 1972 schließlich wurde in Toulouse groß gefeiert – der Rollout des Airbus A300B und die Vorstellung des Con-corde-Prototyps O2 fanden statt.

Es dauerte dann noch einen Monat, bis es am 28. Ok-tober 1972 um 10.39 Uhr nach fast einem Jahrzehnt der Vorarbeiten soweit war: Die beiden Werkspiloten Max Fischl und Bernard Ziegler hoben mit dem ersten Airbus A300B1, Kennzeichen F-WUAA, von der Start-bahn im südfranzösischen Toulouse zum 83 Minuten dauernden Erstflug über die Pyrenäen und das Mittel-meer ab. Nach der erfolgreichen Rückkehr herrschte bei Politikern und Herstellern helle Begeisterung. Doch noch lag ein sehr weiter Weg vor dem europäischen Ge-meinschaftsprojekt, die Erfolgsaussichten waren vage. Während British Airways Skepsis signalisierte und bei Lockheed TriStars bestellte, erteilte die Lufthansa im De-zember 1972 Bestellungen über drei A300B und vier weitere Optionen. Nach insgesamt 1580 Flugstunden erhielt die A300 am 15. Mai 1974 ihre Zulassung durch die Behörden in Deutschland und Frankreich. Am 23. Mai 1974 stellten die Franzosen die erste A300 weltweit auf der Strecke Paris-London in den Liniendienst – das erste auf europäische Bedürfnisse zugeschnittene Groß-raumflugzeug für Kurz- und Mittelstrecken und der ers-te Großraum-Zweistrahler überhaupt. Doch trotz großer Euphorie hatten Ende 1974 gerade mal sechs Flugge-sellschaften insgesamt 22 Airbus-Jets bestellt – ein äu-ßerst zäher Start. Mit Korean Air war nur eine wichtige außereuropäische Airline bereits zum Airbus-Kunden geworden. Zwischen 1971 und 1977 verließen gerade 33 Flugzeuge die Werkshallen in Toulouse-Blagnac – so viele wie bei Boeing damals in 35 Tagen produziert wur-den. Zwischen Ende 1975 und Mai 1977 erhielt Airbus innerhalb von 16 Monaten nicht einen einzigen Auf-trag, die Folgen der Ölkrise schlugen voll durch. Doch gerade die Ölkrise war es, die die sparsame A300 schließlich erfolgreich machte. Im Juli 1977 sicherte sich Airbus den ersten Auftrag aus den USA von Eastern Air-lines. Anfang 1978 begann sich die Lage deutlich zu bessern – zu dieser Zeit lagen 53 Bestellungen und 41 Optionen von zwölf Gesellschaften vor, Airbus konnte zehn Prozent Marktanteil für sich reklamieren. „Der Weg war am Anfang voll von Hindernissen, Steigungen

Die Single Aisle-Airbus-Familie im Jahr 1999: Vom Basis-Modell A320 (oben) wurde zunächst die verlängerte A321 (rechts) und später die verkürzte A319 (links) abgeleitet. (Spaeth)

Gruppenbild mit Beluga. Die Airbus-Familie 1999 mit (von oben nach unten) A319, A320, A321, A310-300, A300-600, A330-200, A340-300 sowie dem Airbus-eigenen Beluga-Frachter. (Airbus)

und menschlichen Abgründen", erinnerte sich MBB-Firmengründer Ludwig Bölkow später. „Aber die Eigendynamik des Airbus-Programms begann und gewann durch seine Internationalisierung im Auf und Ab der oft wechselnden Interessen immer wieder Fahrt."

Schon die Gründerväter des Airbus-Programms hatten den Plan, eines Tages eine Flugzeugfamilie zu entwickeln. „Das war uns damals schon klar, nur durfte kein Mensch darüber reden, denn wir wollten erstmal das ursprüngliche Grundmuster A300 durchbringen", sagte rückbli-

ckend der deutsche Ingenieur Felix Kracht, der neben dem Franzosen Roger Béteille als einer der beiden „Väter von Airbus" gilt. „Die beteiligten Länder wären verschreckt gewesen, wenn wir erklärt hätten, das sei nur ein Anfang, daraus würde einmal eine ganze Flugzeug-Familie werden. Roger Béteille und ich haben uns damals striktes Schweigen auferlegt; davon durfte nicht geredet werden. Aber gedacht haben wir immer daran, von Anfang an", so Felix Kracht. Mit den ersten zaghaften Erfolgen des A300 gab es erstmals konkrete Hoffnung auf weitere Airbus-Versionen – im Juli 1978 erfolgte der Programmstart für den „kleinen" Mittelstrecken-Zweistrahler A310. Und Airbus profitierte weiter davon, dass man die Europäer in Amerika nicht ernst nahm. „Die USA fanden das sehr amüsant – ein neues europäisches Konsortium mit einem Großraum-Zweistrahler", sagt Airbus-Finanzcontroller Ian Massey. Die Reaktion bei Boeing war eher, den Ruf der A300 zu diskreditieren als ein konkurrierendes Produkt zu entwickeln. „Wir hatten viel Glück, dass die USA die europäische Bedrohung vollkommen unterschätzten", so Massey. Beim A310-Projekt gab es einen kurzen Versuch der Zusammenarbeit mit Boeing und die Idee, das Flugzeug als BB10 gemeinsam zu bauen, doch dazu kam es nicht. Boeing antwortete mit der 767. Seit 1979 sind auch die Briten endlich offizieller Partner im Airbus-Konsortium – die frisch gegründete British Aerospace übernahm einen 20-prozentigen Anteil, Aérospatiale und Deutsche Airbus behielten je 37,9 Prozent, die Spanier 4,2 Prozent der Anteile. Bereits 1979 fiel auch die Entscheidung, einen 130- bis 170-Sitzer zu entwickeln, um der Boeing 737 etwas entgegenzusetzen. Schneller

als ursprünglich erwartet zeichnete sich bereits der Beginn einer Flugzeug-Familie ab.

Im März 1983 begann die auf 46,66 Meter verkürzte A310 für bis zu 280 Passagiere den Liniendienst bei den Erstkunden Lufthansa und Swissair mit ihrem neuen digitalen Zweimann-Cockpit, das erstmals alle wichtigen Funktionen auf sechs Bildschirmen anstelle der bis dato üblichen Analog-Anzeigen darstellt. Später bietet Airbus diese Technologie auch in einer neuen, leicht vergrößerten Version seines Urmodells an, das als A300-600 auf den Markt kommt. Am 23. März 1984 erfolgte der Programmstart für das erste Standardrumpf-Modell, den Urvater der sogenannten Single Aisle-Familie mit nur einem Kabinengang. Die später wiederum zur Familie erweiterte A320-Serie sollte sich als das Erfolgsmodell schlechthin bei Airbus erweisen und schaffte damit auch die kommerzielle Grundlage für raschen Fortschritt in der Modell-Evolution. Obwohl Air France bereits auf dem Pariser Aérosalon 1981 eine Absichtserklärung über die Bestellung von 25 A320 abgab, verzögerte sich der offizielle Startschuss wegen anhaltender Finanzierungsprobleme der 200 Millionen Dollar Entwicklungskosten um volle drei Jahre. Airbus hatte die mutige und weitsichtige Entscheidung getroffen, das Flugzeug mit der neuen Fly by Wire-Steuerung auszurüsten, die statt der üblichen Seilzüge mit elektrischen Impulsen auskommt, einer Weltpremiere im Verkehrsflugzeugbau, genauso wie der Ersatz der herkömmlichen Steuersäule durch einen Side-

Die A330 (links, Erstflug 1992) und A340 (Erstflug 1991) ermöglichten Airbus den erfolgreichen Vorstoß in den Markt der Langstrecken-Flugzeuge mit zwei Kabinengängen. (Spaeth)

Mit der Indienststellung der A340-200 auf der Strecke
Frankfurt-Newark im Januar 1993 konnte die Lufthansa
erstmals wieder aufkommensschwächere Langstrecken
mit einem Vierstrahler bedienen. (Lufthansa)

stick zur Steuerung. Das digitale Zeitalter im Cockpit hatte begonnen. „Entweder mussten wir die ersten mit solchen technologischen Neuerungen sein oder wir würden nicht lange im Markt bleiben", so Roger Béteille. Er sollte Recht behalten – die anfangs revolutionäre Cockpit-Technologie fliegt heute auf allen Airbus-Typen. Und ihre Fähigkeit, ähnliche Flug-Charakteristika unabhängig von der Größe und Auslegung des jeweiligen Flugzeugs zu schaffen und damit eine enge Verwandtschaft im Flugverhalten aller Airbus-Versionen zu bieten, ist einer der entscheidenden Gründe für den enormen Erfolg der heutigen Airbus-Familie. Sie spart den Airlines viel Geld bei der Umschulung ihrer Piloten und erlaubt den flexibleren Einsatz von Cockpitbesatzungen. Am Anfang allerdings waren die Piloten äußerst skeptisch – nicht zuletzt weil Airbus der Öffentlichkeit suggerierte, eigentlich könnten die Wundermaschinen viel besser ohne störende Menschen im Cockpit fliegen. Spätestens nach mehreren Unfällen aufgrund von falschem Pilotenverhalten kurz nach der Einführung der A320 ab April 1988 musste Airbus sicherstellen, dass die Menschen auch mit den

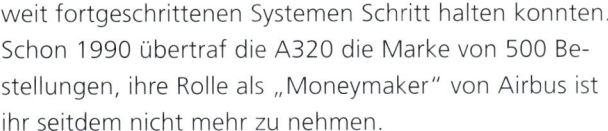

Bereits 1982 stellte Airbus mit den Typen TA9 und TA11 erste Entwürfe für eigene Langstreckenflugzeuge vor. Aufgrund des erheblichen Finanzbedarfs verzögerte sich der Entwicklungsstart. (Archiv Spaeth)

weit fortgeschrittenen Systemen Schritt halten konnten. Schon 1990 übertraf die A320 die Marke von 500 Bestellungen, ihre Rolle als „Moneymaker" von Airbus ist ihr seitdem nicht mehr zu nehmen.

Auch die Planungen für Airbus-Langstreckenflugzeuge warfen ihre Schatten voraus – bereits 1982 waren auf der Farnborough Air Show erstmals unter der Bezeichnung TA9 und TA11 die späteren Typen A330 und A340 präsentiert worden. Doch dafür benötigte Airbus wieder öffentliche Gelder, und nicht nur in Deutschland standen die Öffentlichkeit und Teile der Politik dem sehr skeptisch gegenüber. Rund 4,2 Milliarden D-Mark, gut 2 Mrd. Euro, waren bis dahin von insgesamt zugesagten 5,6 Mrd. DM ausgezahlt worden – und jetzt waren wei-

tere 7 Mrd. DM für die Entwicklung der Langstreckenjets nötig. Zur gleichen Zeit begannen auf Anregung der Bundesregierung die Verhandlungen einer Beteiligung von Daimler-Benz an MBB. Im Mai 1989 gründete Daimler die Deutsche Aerospace als hundertprozentiges Tochterunternehmen, gebildet aus Dornier, MTU sowie Teilen von AEG. Nach langwierigen Verhandlungen stieß Ende 1989 auch MBB als Tochterunternehmen zur Deutschen Aerospace. Später kommt es nach einer Übernahme der Airbus-Altlasten von 3 Mrd. DM durch die Bundesregierung zu einer Fusion zwischen beiden. Die derart gestärkte Deutsche Aerospace zog beim Umsatz erstmals gleich mit British Aerospace und Aérospatiale. Im November 1989 fiel mit dem Programmstart für die A321, dem großen Bruder der A320, die Entscheidung über weiteren Zuwachs der erfolgreichen Single Aisle-Produktion; dieser wird als erster Airbus-Typ in Hamburg-Finkenwerder endmontiert und ausgeliefert. Zur gleichen Zeit begann die Lufthansa, ihre Boeing 727-Flotte nach und nach durch A320 zu ersetzen.

Unterdessen machten die Vorbereitungen der Langstrecken-Airbusse Fortschritte – die vierstrahlige A340 diente als Basismodell, wobei von ihr zwei Versionen angeboten wurden, die A340-200 mit 260 Sitzen und die A340-300 mit 295 Sitzen. Die weitgehend baugleiche, zweistrahlige A330 gab es zunächst nur in einer Version für 335 Passagiere in Zweiklassen-Konfiguration. Bereits im Juni 1987 erfolgte der Programmstart. Am 4. Oktober 1991 erlebte Toulouse eine der bis dahin größten Feierlichkeiten – vor Tausenden von Ehrengästen und zu den Klängen von Carl Orffs „Carmina Burana" wurde der Prototyp der A340 in die Werkshalle gezogen, nur wenige Wochen später er-

35

Der feierliche „Rollout" des ersten in Hamburg endmontierten Airbus A321 fand im März 1993 im Werk Finkenwerder statt. (Spaeth)

folgte am 25. Oktober 1991 der Erstflug, während dieser bei der A330 noch bis zum 2. November 1992 auf sich warten ließ. Im Februar 1993 stellte die Lufthansa als erste Fluggesellschaft die A340 auf ihren Langstrecken in Dienst. Bereits im Mai 1992 hatte der Airbus-Aufsichtsrat auch den Programmstart für die Abrundung der Flugzeugfamilie nach unten verkündet – der bis dahin kleinste Airbus A319 für 124 Passagiere wird ebenfalls in Hamburg gefertigt und endmontiert.

Am 11. März 1993 erhielt die Single Aisle-Familie sichtbar Zuwachs – die A321 absolvierte in Hamburg ihren Erstflug. Fast genau ein Jahr später, am 18. März 1994, ist es wiederum die Lufthansa, die den größten Standardrumpf-Airbus für 185 Fluggäste als erste Airline in den Liniendienst brachte. Schon seit Januar 1994 beförderte auch die A330 zahlende Gäste – zunächst bei Air Inter auf französischen Inlandsrouten. Nachdem Airbus 1989 bereits die Wegmarke von 1000 Flugzeugbestellungen erreicht hatte, war nach dem ersten Golfkrieg 1991 branchenweit ein erheblicher Rückgang an Bestellungen zu verzeichnen. Besonders betroffen war beim europäischen Hersteller die A330 – als Reaktion darauf startete Airbus die A330-200 mit verkürztem Rumpf und höherer Reichweite für 250 Passagiere, die am 13. August 1997 zum Erstflug aufstieg.

Schon am 29. August 1995 hob in Hamburg erstmals die A319 von der Piste in Finkenwerder ab – seit dem 8.

Mai 1996 verdiente der bis dato kleinste Airbus Geld für seine Kunden, als erstes im Liniendienst bei Swissair.

Schon Anfang 1997 wurden auch entscheidende Weichen in der Firmenstruktur gestellt – die vier Partner des Konsortiums verständigten sich darauf, Airbus Industrie künftig in eine Kapitalgesellschaft zu überführen. Statt wie bisher nur für Verkauf und Marketing verantwortlich zu sein, sollte die neue sogenannte Airbus Integrated Company nun auch für Entwicklung, Produktion und Kundenbetreuung sorgen und vor allem die Finanzen transparenter erscheinen lassen, was bisher an der komplizierten Eigentümerstruktur gescheitert war. Diese war auch Schuld daran, dass sich die eigentlich für den 1. Januar 1999 geplante Umsetzung um zwei Jahre verzögerte. Erst Anfang 2001 war die neue Unternehmensform Realität. Von da an verfügt das Unternehmen über zwei Großaktionäre: 80 Prozent liegen nun in Händen des neuen europäischen Luft- und Raumfahrtkonzerns EADS (European Aeronautics Defence and Space), gebildet aus

Aérospatiale Matra, DaimlerChrysler Aerospace (Dasa) und CASA, 20 Prozent hält die britische BAe Systems. Bereits im Juli 2000 war ein Drittel von EADS an den Börsen von Frankfurt, Paris und Madrid platziert worden.

Airbus-Chef Noël Forgeard äußerte sich im Dezember 2000 zur neuen Unternehmensform in einem „Spiegel"-Interview: „Die neue Airbus-Gesellschaft wird ein Management-Team aus zehn Führungskräften haben. Sie betreiben das Geschäft. Wir kümmern uns um die Kunden, die Werke, die 42.000 Beschäftigten, für die wir Verantwortung tragen. Und wir stehen für Gewinn und Verlust gerade, die wir nach den Planvorgaben erzielen... Wichtige Grundsatzentscheidungen, wie zum Beispiel den Produktionsstart für den A3XX, treffen wir natürlich in Absprache mit EADS und BAe Systems." Eine entscheidende Voraussetzung für den Start des größten und riskantesten Projekts in der Airbus-Geschichte ist mit der Umstrukturierung des Unternehmens geschaffen.

Doch die Herausforderung, am obersten Ende des Marktes zu bestehen, ist nur möglich, weil Airbus innerhalb kurzer Zeit zum Ende der 1990er-Jahre und direkt nach der Jahrtausendwende zum Weltmarktführer im zivilen Flugzeugbau aufgestiegen ist – vor allem dank innovativer Produkte und des im Vergleich dazu zögerlichen Festhaltens des Hauptkonkurrenten Boeing an bewährter Technologie. Im Jahr 1994 gelang es Airbus erstmals, mit 125 Flugzeug-Bestellungen mehr Orders einzufahren als Boeing mit 111. Doch der damalige Chef Jean Pierson gab die Maxime aus, Airbus müsse auf Dauer 50 Prozent Weltmarktanteil erreichen. Dazu war eine Verbreiterung der Produktpalette nötig. Zum einen im untersten Marktsegment – hier setzte Airbus mit dem A318 auf eine nochmalige Verkürzung der aus der A320 hervorgegangenen A319, sinnvoll nur für jene Airlines, die bereits andere Versionen dieser Typenfamilie in ihrer Flotte haben. Im September 1998 erfolgte der Programmstart, den Erstflug erlebte der nur noch 31,44

Die letzte Familienerweiterung vor der A380 war die A318, über zwei Meter kürzer als die A319. Nach dem Erstflug Anfang 2002 verkaufte sich der kleinste Airbus für maximal 129 Passagiere nur schleppend. (Spaeth)

Meter lange Mini-Airbus am 15. Januar 2002 in Hamburg. Air France als Erstkunde übernahm die erste A318 am 9. Oktober 2003 – doch bis heute ist die A318 der am schleppendsten verkaufte Airbus, der nach Triebwerksproblemen und den Anschlägen vom 11. September 2001 ungeahnt viele Stornierungen hinnehmen muss. Wesentlich erfolgreicher sind die Weiterentwicklungen der A340-Familie, für die nach Vorliegen von Vorverträgen über rund 100 Flugzeuge bereits im Dezember 1997 der Programmstart verkündet wurde. Die A340-600 ist mit 74,80 Meter das längste Verkehrsflugzeug der Welt – ausladender als die A380 oder die Boeing-Typen 747-400 oder 777-300.

In ihr können bis zu 380 Passagiere fast 14.000 Kilometer weit fliegen. Auch die 67,80 Meter lange A340-500 kann mit Superlativen aufwarten – in ihr fliegen bis zu 313 Fluggäste über extreme Distanzen von bis zu 16.400 Kilometern. Auf dem zur Zeit längsten Linienflug der Welt von New York nach Singapur setzt Singapore Airlines seit Juli 2004 die A340-500 bis zu 18,5 Stunden nonstop ein. Der Erstflug der A340-600 erfolgte am 23. April 2001 in Toulouse, in den Liniendienst kam das erste Exemplar im August 2002 bei Virgin Atlantic Airways. Die A340-500 hob am 11. Februar 2002 erstmals ab und erlebte die Streckeneinführung bei Emirates im Dezember 2003.

Das Top-Modell der A340-Reihe ist die auf fast 75 Meter verlängerte A340-600 (Erstflug 23. April 2001) für rund 380 Passagiere, das längste Verkehrsflugzeug der Welt. (Spaeth)

bucht, davon flogen bereits 3004 Maschinen. Ein ein-
zigartiger Erfolg, schaut man sich die Flugzeugverkäufe
jener Jet-Modellreihen auf beiden Seiten des Atlantiks
an, die vor dem Premierenflug der A300 erstmals auf
den Markt gekommen waren. Zwischen 1950 und
1970 hatten es Engländer und Franzosen mit sieben Typen versucht – der Comet, der Caravelle, der VC-10,
der Trident, der BAC1-11, der Concorde und der Mer-
cure. Bis 1994 konnten sie insgesamt 830 dieser Flugzeuge ausliefern. Die Amerikaner hielten mit den Boeing-Typen 707, 727, 737 und 747 sowie mit DC-8 und
DC-9 dagegen – und brachten es damit bis 1994 auf
7854 ausgelieferte Exemplare. Fast zeitgleich mit dem
30-jährigen Jubiläum des A300-Erstflugs aber erreich-
ten nun die Europäer mit der Airbus-Familie auf dem
Weltmarkt erstmals einen Anteil von 50 Prozent.

Und die Erfolgsgeschichte, an die lange niemand glauben wollte, geht weiter: Airbus liegt gegenüber Boeing
auf der ganzen Linie vorn – im Jahr 2003 erstmals mit
305 Auslieferungen und 254 Neubestellungen (Boeing:
281 Auslieferungen und 239 Neubestellungen). Und
2004 verfestigte sich der Trend: Airbus verzeichnete 320
Auslieferungen und 366 Neubestellungen, Boeing konnte
nur 285 Auslieferungen und 272 Neubestellungen vor-
weisen. Anfang 2005 erreichte Airbus einen Marktanteil
im zivilen Großflugzeugbau von 53 Prozent, was einem
Wert von etwa 20 Milliarden Euro entspricht. Ende März
2005 hatte Airbus in seiner Geschichte insgesamt 5370
Flugzeugbestellungen von 207 verschiedenen Kunden zu
verzeichnen, 3839 davon wurden bereits ausgeliefert. Die
größten Stückzahlen erreichte dabei die A320 (1938 waren bis zum 31.3.05 bestellt), gleich dahinter folgt die
A319 mit 1042 Bestellungen.

Es war eine weite Reise von den schwierigen Anfangstagen, den quälenden Verzögerungen und Zweifeln vor
dem erlösenden Erstflug der A300 1972 bis heute, dem
Beginn der A380-Ära. Airbus ist inzwischen das bedeu-
tendste europäische Industrieprojekt und ein Musterbei-
spiel dafür, was konsequent gelebte europäische Integra-
tion und Zusammenarbeit hervorbringen kann.

Die Ambition von Jean Pierson, sich den Markt mit Boeing zu teilen, wurde erstmals Ende 1999 erreicht. Damals verzeichneten die Europäer 476 Neubestellungen,
Boeing dagegen nur 381. Bei den Auslieferungen allerdings herrschte stets ein anderes Bild. Boeing lag
grundsätzlich um etwa ein Drittel vor Airbus – bis
2003. Beim Gesamtbestand der noch unerfüllten Auf-
träge erreichte Airbus 1999 dagegen schon 48 Prozent
Anteil. Zum Jahresende 2000 konnte Airbus die 4000.
Order seiner Geschichte einfahren, bis zum 30. Jahres-
tag des A300-Erstflugs am 28. Oktober 2002 hatte Airbus Industrie 4535 Bestellungen von 183 Kunden ver-

3. Von der Idee zum Riesenflugzeug

Viele Entwürfe, eine versuchte Kooperation mit Boeing und schließlich die A3XX. Ein Rückblick auf die Entstehungsgeschichte des Mega-Airbus.

Im Februar 1989 trat die Boeing 747-400 ihren Siegeszug um die Welt an, Northwest Airlines stellte den runderneuerten Jumbo Jet mit digitalem Zweimanncockpit und Winglets als erste Fluggesellschaft in Dienst. Zum Jahresende 1989 waren seit dem Erstflug 20 Jahre zuvor bereits 755 Exemplare aller 747-Versionen ausgeliefert worden, weitere 196 standen bei Boeing in den Orderbüchern. Kaum vier Jahre später, am 25. September 1993, wurde bereits die 1000. 747 aus den riesigen Werkshallen von Everett bei Seattle an der US-Westküste gerollt – auf den Tag genau 25 Jahre nach dem Rollout des Prototyps an

Die damalige Deutsche Airbus legte im Juli 1991 einen Entwurf für einen Super-Jumbo unter dem Titel A2000 vor, in dem drei Decks für Passagiere nutzbar sein sollten. (Airbus)

gleicher Stelle. Keine Frage, das größte Verkehrsflugzeug der Welt ist und war stets ein Goldesel der besonderen Art. Boeing nutzte den Festtag der Übergabe des 1000. Flugzeugs zu der Feststellung, dass innerhalb eines Vierteljahrhunderts 747-Jets im Wert der astronomischen Summe von 148,1 Milliarden US-Dollar (umgerechnet auf den Geldwert von 1993) verkauft worden waren, davon 95 Prozent im Export nach Übersee. Nicht erst seit diesem Bekenntnis war den verbliebenen Boeing-Konkurrenten Airbus in Europa und McDonnell Douglas in den USA klar, dass sie dem Weltmarktführer diesen lukrativen Markt nicht weitere Jahrzehnte kampflos überlassen durften. Die weiter steigenden Passagierzahlen und alle IATA-Prognosen von fünf bis sechs Prozent Zuwachs pro Jahr weltweit ließen Anfang der 1990er-Jahre bereits für die Jahrtausendwende schwere Kapazitätsprobleme auf vielen großen Drehkreuz-Flughäfen erahnen. Auf vielen Rennstrecken wie etwa London-Singapur oder London-Hongkong starteten zu den begehrtesten Abflugzeiten die vollen Jumbos im 20-Minuten-Takt auf den gleichen Routen – eine erhebliche Verschwendung von Ressourcen und unnötige Umweltbelastung. Gleichzeitig ließen die begrenzten Flughafenkapazitäten keinen Raum für utopische Riesenflugzeuge – jeder Entwurf für die Zukunft musste sich von vornherein grob am Format der 747 orientieren. Am Anfang aller Überlegungen stand daher die sogenannte „80 Meter mal 80 Meter-Box", in deren durch die 747 vorgegebenem Rahmen alle Überlegungen eines neuen Designs ablaufen sollten. Eine durchgehend doppelstöckige Kabine schien daher die einzige Möglichkeit, die nötige stark erhöhte Passagierkapazität in einem Rumpf von halbwegs üblichen Ausmaßen unterzubringen.

Doppelstöckige Passagierflugzeuge gibt es seit der 34-sitzigen deutschen Junkers G-38b von 1934, im Jet-Zeitalter allerdings hatte man trotz wiederholter Entwürfe etwa für einen zweistöckigen Boeing 707-Nachfolger dieses Konzept wegen befürchteter Abfertigungsprobleme nicht ernsthaft verfolgt. Dabei hatte Lockheed bereits Mitte der 1960er-Jahre einen zweistöckigen 600-Sitzer vorgeschlagen, der mit der heutigen A380 viele Gemeinsamkeiten aufweist. Nachdem die Lockheed-Werke den Auftrag zum Bau des Militärtransporters C5 Galaxy erhalten hatten, gab es sogar Pläne für einen darauf basierenden 900-Sitzer mit drei Kabinenebenen. Auch frühe Boeing-Konzepte für die Weiterentwicklung der 747 sahen ein durchgehendes Oberdeck vor. Tatsache war aber, dass Airlines und Flughäfen schon mit der Einführung der 747 in Standardausführung genügend Schwierigkeiten hatten und lange Zeit schlicht kein Bedarf für noch größeres Fluggerät bestand.

Nachdem sich die kurzfristige Idee von Airbus und McDonnell Douglas zerschlagen hatte, gemeinsam einen Jumbo-Konkurrenten aus der Kombination des MD-11-Rumpfes mit den Tragflächen der A340 unter dem Namen AM-300 zu bauen, fingen die Airbus-Partner an, eigenständige Entwürfe zu erstellen. Die Deutsche Airbus

trug ihre Idee eines A2000 im Juli 1991 als erste zu Markte. In dieser Studie sollten sogar alle drei Decks für Passagiere nutzbar sein, neben Ober- und Hauptdeck zusätzlich ein Teil des Unterdecks. Außer für Frachtcontainer war dort auch Platz für First Class-Passagiere vorgesehen, die mit privaten Suiten und Betten verwöhnt werden sollten. Im November 1991 legte Aérospatiale eigene Entwürfe unter den Projektbezeichnungen ASX 500 sowie ASX 600/700 vor – mit einer 6,76 Meter breiten Kabine (einen halben Meter breiter als die 747) in einem kreisrunden Rumpf für 600 Passagiere. Bei Airbus liefen solche Studien unter dem Oberbegriff UHCA – Ultra High Capacity Aircraft. Und die ultra-hohe Kapazität war es, auf die es künftig ankommen würde. „Da die 747 eine derart große Kundenbasis hat, können wir nur konkurrieren, indem wir eine bedeutend höhere Kapazität anbieten", befand 1991 Jean-Jacques Huber, bei Aérospatiale für Zukunftsentwicklungen zuständig. „Wir hatten damals vier unabhängige Partner, von denen sich drei mit Entwürfen für ein Großflugzeug befasst haben – das war auch ein bisschen eine Modeerscheinung, um den Amerikanern in jener Zeit etwas entgegenzusetzen", sagt Jürgen Thomas heute. Der deutsche Flugzeugingenieur gilt

Die A2000 aus Hamburg war lediglich ein Wettbewerbsbeitrag innerhalb des Konsortiums, aus dem Ideen in das spätere A3XX-Konzept einflossen. (Airbus)

Beim A380 sind zwei Decks für Passagiere ausgelegt, während im Unterdeck die Frachtcontainer verstaut werden. Gut erkennbar die Bodenverstrebungen des Oberdecks aus CFK-Verbundwerkstoff. (Airbus)

Der deutsche Ingenieur Jürgen Thomas gilt als „Vater der A380". Im April 1996 trat er den Job als Chef der Large Aircraft Division in Toulouse an und ist wesentlich verantwortlich für das heutige Flugzeug. (Spaeth)

als der „Vater der A380" und war ab 1996 der Leiter der Large Aircraft Division von Airbus, deren Arbeit in der A380 mündete. Thomas hat sich für dieses Buch ausführlich zur Entwicklung der A380 geäußert.

Den Amerikanern etwas entgegensetzen zu wollen war sicherlich der richtige Instinkt – denn Boeing ließ keinen Zweifel, dass man die 747 weiter zu optimieren gedachte: „Eine gestreckte 747-500 für bis zu 650 Passagiere ist der natürliche nächste Schritt", kündigte der 747-Chefingenieur Joe Sutter bereits 1989 an. Ob dieser Kapazitätssprung nur durch eine Verlängerung des bestehenden Rumpfes oder durch ein über die ganze Länge reichendes Oberdeck erreicht werden sollte, blieb offen. Bei der Deutschen Airbus (DA) dämpfte man schon zu Beginn der Entwicklungsphase die Erwartungen, dass das geplante Riesenflugzeug in großen Teilen wie Tragflächen oder Rumpf ausschließlich aus neuen Werkstoffen wie Kohlefaser (CFK) gefertigt sein würde. „Diese Technologien sollten erst bei kleineren Flugzeugen genutzt werden um die Risiken von Kosten und Komplexität zu senken", so DA-Ma-

nager Uwe Ganzer. Bereits 1992 startete Airbus Industrie einen UHCA-Wettbewerb unter seinen drei größten Partnern, um möglichst viele Ideen zu generieren. „Jeder Partner wollte etwas auf den Tisch legen, das zumindest in einigen Bereichen gewisse Vorzüge hatte", erklärt Jürgen Thomas, Konkurrenz unter den Partnern habe bei Airbus immer schon dazugehört und sei konstruktiv gewesen. „Aber das war noch weit weg von jedem Design, das hat niemand so ernst genommen damals und keiner erwartete, in einer überschaubaren Zeit so ein Ding tatsächlich zu entwickeln", so Thomas. Auch in Toulouse selbst begann man an Studien zu arbeiten – immer im Bewusstsein, dass 80 Prozent aller von der 747 geflogenen Sitzmeilen weltweit auf stark nachgefragten Langstreckenrouten erbracht wurden, von denen 50 Strecken genügend Potenzial für einen künftigen 600-Sitzer zu bieten schienen. Mitte 1993 gab sich Joachim Szodruch, damals bei Airbus zuständig für Forschung und Technologie, skeptisch: „Die Einführung des UHCA wird technologische Lösungen verlangen, die heute noch nicht verfügbar sind", so Szodruch, „ausgehend von heutigen Technologien ist das Flugzeug nicht machbar." Dann führte Szodruch einige der Herausforderungen auf: Das extrem hohe Abfluggewicht verlange große Rumpfstrukturen, die trotz hoher Flexibilität auch die nötige Steifheit der Zelle gewährleisten. Das Fahrwerksdesign sei extrem komplex, Fahrwerksbeine aus Stahl würden bei einem maximalen Startgewicht von 550 Tonnen allein bis zu 27 Tonnen zusätzliches Gewicht verursachen, was dem Gewicht von 270 Passagieren plus Gepäck entspräche, man müsse daher eventuell Titan verwenden. Die innerhalb von 90 Sekunden vorgeschriebene Evakuierung sei extrem schwierig zu erreichen, weil die nötigen großen Tragflächen vergleichsweise wenig Platz für geeignete Türen im Rumpf ließen. Und schließlich müsse man an den Einbau von sechs oder acht Triebwerken denken, um den nötigen Startschub von 300.000 lbs. zu erreichen.

Also waren zunächst unkonventionelle Ideen gefragt, und eine der bis heute erstaunlichsten Ideen unter den über 20 Entwürfen für einen Airbus-Doppelstöcker war der einzige mit nur einem Passagierdeck für bis zu 19 Sitze nebeneinander, der sogenannte „horizontal double bubble", die horizontale Doppelkreis-Form. „Zwei A340-Rümpfe seitlich zusammenzufügen war eine Idee von Jean Roeder, der damals bei Airbus für Zukunftsprojekte zuständig war", sagt Jürgen Thomas. „Er ging davon aus, dass man möglicherweise enorm Geld einsparen konnte, wenn man vorhandene Strukturen benutzt. Wenn es gelänge, dieselben Spanten und Hautfelder und dieselben Werkzeuge und Nietmaschinen zu nutzen." Doch diese möglichen Produktionsvorteile wiegen nicht den fehlenden Passagier-Appeal auf. „Kritiker haben immer moniert, dass es nur zwei Fensterplätze pro Reihe gibt und damit sehr viele Leute, die weit weg vom Fenster sitzen.

Das war nicht attraktiv", räumt Thomas ein. „Und in der Mitte wären Zugstreben gewesen, die man teilweise hätte verkleiden können durch geschickte Anordnung der Kabine. Aber schließlich kam raus, dass dieser Rumpf vom Gewicht her schwerer war als die anderen Entwürfe; dann ist die Idee begraben worden", so Thomas. Blieb also die entscheidende Frage nach der idealen Rumpfform, um auf einer Grundfläche nicht wesentlich größer als die der Boeing 747 bis zu 800 Passagiere und mehr unterzubringen. Verschiedene Grundformen befanden sich schon Anfang der 1990er-Jahre in der Diskussion: Oval, kreisrund oder eben „double bubble", zwei aufeinander gesetzte Kreise, was zum Beispiel auch in einer „Kleeblatt" genannten Form erwogen wurde.

Die Jahre 1990 bis 1993 brachten der Luftfahrtbranche die bis dato schlimmsten Verluste, als nach dem ersten Golfkrieg das Geschäft einbrach und selbst Flug-Ikonen wie die Lufthansa ins Trudeln gerieten. Trotzdem war man sich in der Branche einig, dass bis zum Jahr 2010 ein Marktpotenzial für 400 bis 500 Riesenflugzeuge bestünde. Die Entwicklungskosten schätzte man damals auf 15 bis 20 Milliarden Dollar – eine für einen einzigen Hersteller kaum aufzubringende Summe. Asiatische Airlines und wichtige Transpazifik-Carrier wie United Airlines drängten

Die äußere Form eines neuen Flugzeugs wird wesentlich von den Ergebnissen der Versuche im Windkanal bestimmt. Bereits seit Mitte der 1990er-Jahre gab es Tests für die damalige A3XX. (Airbus)

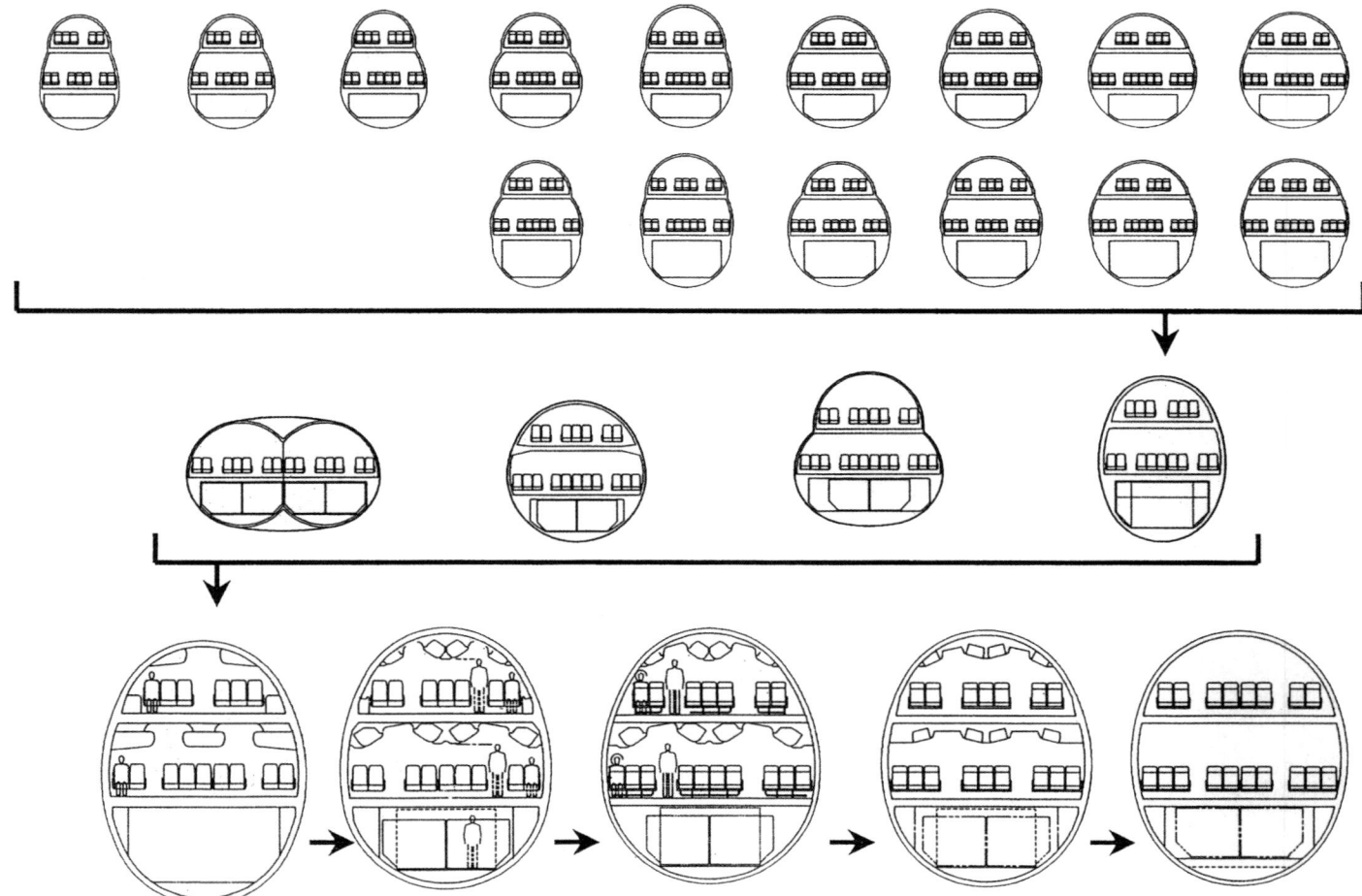

Double Bubble, Kleeblatt oder Oval – die Evolution des
Rumpfquerschnitts der A380 war ein langer Prozess, bei
dem es jeweils vielfältige technologische und kommerzielle Aspekte abzuwägen galt. (Airbus)

Boeing als ihren Hauptlieferanten, sich auch Gedanken um Flugzeuge eine Klasse über der 747 zu machen. Besonderen Druck machte British Airways (BA), wo es bereits seit 1991 eine „New Large Airliner"-Projektgruppe gab. „Bis zum Jahr 2000 wird die 747 zu klein sein auf Routen, wo keine höheren Frequenzen möglich sind", so hieß es damals bei BA. Gleichzeitig stellten die Engländer einen geradezu aberwitzigen Forderungskatalog für ein neues Großflugzeug auf: Kein Lärm und keine Vibrationen in Cockpit und Kabine, keine großen Wartungsereignisse in den ersten zehn Jahren, eine maximale Betankungszeit von 30 Minuten, 20 Prozent niedrigere Betriebskosten als bei der 747 und keine Notwendigkeit für Korrosions-Inspektionen während der gesamten Lebensdauer des Flugzeugs. Außerdem extrem lärmarme Triebwerke nach Chapter 4-Standard, also leiser als die 747, dazu Umkehrzeiten zwischen zwei Flügen von nicht mehr als 105 Minuten – eine Viertelstunde weniger als beim Jumbo. Nur bei der ursprünglich angestrebten Geschwindigkeit von 0,9 Mach in 39.000 Fuß Höhe (knapp 11.900 Meter) war BA nach Rücksprache mit verschiedenen Herstellern zu Abstrichen bereit und begnügte sich mit den 747-400-Standards. „Diese Ziele sind eine Herausforderung", gab BA selbst zu bedenken, versprach aber auch

gute Geschäfte: „Wir sind entschlossen uns jetzt für ein neues Großflugzeug zu entscheiden, aber es scheint, dass wir die Einzigen sind", so der damalige BA-Chef Colin Marshall. Zehn Flugzeuge als Festbestellung plus Optionen sei BA bereit einzugehen. Später allerdings verabschiedete sich BA von dieser Strategie und reduzierte ihre Jumbo-Flotte erheblich. Man setzte stattdessen mit der Boeing 777 auf kleineres Großraum-Gerät.

Bereits seit 1991 arbeitete auch Boeing an einem Projekt, das unter der Bezeichnung New Large Aircraft (NLA) bekannt war. Bis 1994 waren mehrere Hundert Vollzeit-Mitarbeiter mit den Entwürfen beschäftigt. Der NLA-Entwurf sah einen Doppelstöcker mit „double bubble"-Rumpfquerschnitt vor, im Prinzip ein 767-Rumpf auf einen etwas verbreiterten 747-Rumpf montiert. Das Oberdeck sollte über zwei Gänge verfügen und maximal neun Sitze nebeneinander aufnehmen. Im Vergleich zur 747 würde das NLA mit 79 Metern Spannweite gut acht Me-

Fliegender Haifisch – so seltsam hätte ein Rumpf aus zwei nebeneinander montierten A340-Rumpfsegmenten ausgesehen, die sogenannte Horizontal Double Bubble-Form. (Archiv Spaeth)

ter längere Tragflächen aufweisen und der Rumpf knapp vier Meter länger sein. Insgesamt sollte das Flugzeug 606 Passagiere in drei Klassen befördern können. Schon damals erklärte John Hayhurst, Vice President Large Aircraft Development: „Der potenzielle Markt für ein neues großes Flugzeug ist viel kleiner als der für andere, von uns favorisierte Projekte – etwa 400 bis 500 Exemplare, betrieben von einer Handvoll Airlines", so Hayhurst. Das sei „gerade genug um ein Programm auszulasten und nicht zwei konkurrierende Entwürfe."

Dann nahm die Entwicklung plötzlich eine überraschende Wende – Airbus und Boeing kamen sich tatsächlich näher. Im Januar 1993 trafen sich die Präsidenten der vier Airbus-Partner, unter ihnen Dasa-Chef Jürgen Schrempp, und der Airbus-Aufsichtsrat, darunter der heutige Deutsche Bahn-Chef Hartmut Mehdorn, in New York mit Boeing-Chef Frank Shrontz sowie Larry Clarkson als NLA-Projektchef sowie John Hayhurst. Schnell war man sich einig, gemeinsam die Machbarkeit eines gemeinsamen Großflugzeug-Projekts zu prüfen. Mehdorn schlug Jürgen Thomas als europäischen Projektdirektor vor, der zu jener Zeit Geschäftsführer im Bereich Entwicklung bei der Dasa in Hamburg war. Unter dem Namen Very Large Commercial Transport (VLCT) wollten die einzelnen Airbus-Partnerfirmen gemeinsam mit Boeing die Grundlagen einer möglichen Zusammenarbeit bei diesem Mega-Projekt klären. Jürgen Thomas erinnert sich: „In der ersten Phase war Airbus Industrie nicht vertreten, ihr damaliger Chef Jean Pierson hatte kein Interesse daran, er ist auch heute (lange nach seinem Ausscheiden, d. Verf.) noch sehr negativ zur A380 eingestellt. Es waren die Airbus-Partner beteiligt, vor allem die Deutschen und da vor allem Jürgen Schrempp. Er dachte, das sei eine gute Sache, um mal wieder für das breite Publikum interessante Neuigkeiten hervorzubringen. Pierson hat dafür gesorgt, dass alle vier Partner an den Gesprächen beteiligt waren. Als es um die Frage der Konfiguration ging, war das europäische Interesse, einen Entwurf zwischen 500 und 600 Sitzen zu definieren, was sich zum einen vernünftig in unsere Produktpalette einreihen und zum anderen der Boeing 747 Konkurrenz machen sollte. Das war ja unser Problem, dass Boeing damit als Monopolist über 30 Jahre hinweg eine Cash Cow hatte und Riesenpreise abschöpfen konnte, weil es keine Konkurrenz gab. Aber das war gerade nicht das Ziel von Boeing, denn die wollten die 747 am Leben erhalten und suchten nach Konzepten für ein Flugzeug oberhalb der 747. Deswegen war das NLA ja auch so riesig groß. Dann haben wir uns geeinigt, zwei Familien zu untersuchen – eine europäische von 520 bis 620 Sitzen und eine amerikanische von 600 bis 750 Sitzen."

Schon damals keimte in der Branche der Verdacht auf, dass Boeing mit der VLCT-Initiative einerseits vor allem einen Keil zwischen Deutsche und Franzosen treiben wollte

Familienplanung à la Airbus – Mitte der 1990er-Jahre war die Abrundung der Modellpalette nach oben und unten noch nicht endgültig beschlossen. Unten eine verlängerte A3XX-Variante. (Spaeth)

Zukunftsvisionen – Anfang der 1990er-Jahre waren Gestaltung und Rumpfform für den A3XX noch nicht genau definiert. (Airbus)

und andererseits danach trachtete, die Arbeit von Airbus an eigenen Großprojekten zu verzögern. Die Amerikaner wollten zumindest Zeit gewinnen in finanziell schwieriger Lage, um die von Kostenüberschreitungen geplagte Boeing 777 auf den Markt zu bringen, meinten viele Beobachter. „Die VLCT-Verhandlungen sind ein Bluff von Boeing, der das Publikum amüsiert, während hinter den Kulissen etwas ganz anderes geschieht", argwöhnte im Frühjahr 1994 Claude Terrazzoni, damals der Chef der Verkehrsflugzeug-Sparte bei Aérospatiale. „Der Vorwurf, dass Boeing das ganze nutzte um unser eigenes Projekt zu verzögern, kam vor allem von französischen Gegnern der Sache, ich selbst habe das nicht so empfunden", beteuert dagegen heute Jürgen Thomas. Boeing betonte damals, man könne gar nicht mit Airbus Industrie selbst verhandeln, da es sich hier nur um eine Marketing-Organisation ohne eigene Aktiva handele, während Airbus-Chef Pierson insistierte, jeder Partner des Konsortiums würde mit Boeing im Namen von Airbus sprechen. Boeing-Vice President Larry Clarkson hingegen war auf einen Deal mit der Dasa und British Aerospace aus: „Beide haben uns gesagt, dass sie frei seien zu tun, was immer sie wollten, über ihr Airbus-Engagement hinaus", so Clarkson treuherzig. Trotz aller Diskussionen bauten Jürgen Thomas und John Hayhurst zwei jeweils etwa 60 Personen umfassende Teams auf, die sich regelmäßig trafen.

Jürgen Thomas erinnert sich: „Unser erstes Ziel war die Machbarkeit zu prüfen – zunächst erst mal juristisch. Und dann zu klären, geht so etwas technisch überhaupt, gibt es sogenannte Showstopper. Ein wesentliches, von An-

fang an feststehendes Kriterium, das es zu erfüllen galt, war die Evakuierung aller Insassen innerhalb von 90 Sekunden, und das aus dem Oberdeck bei einer noch nie da gewesenen Türhöhe von acht Metern. Da gab es viel Neuland, da mussten die Behörden erst neue Regelungen finden. Aber sie können ja kein 10-Milliarden-Dollar-Projekt angehen, bei dem sie, nachdem sechs Milliarden ausgegeben sind, feststellen, dass es nie zugelassen wird. Das war ein großes Thema. Dann die industriellen Fragen – wie teilt man die Arbeit auf, wo ist die Endlinie. Der Plan war, gemeinsam für dieses Projekt eine Joint Venture-Firma zwischen Airbus und Boeing zu gründen. Jeder sollte in eigener Regie seine Komponenten bauen und die dann abliefern an die Joint Venture Company, die die Endlinie betreibt, die Auslieferung und die Verträge macht. Die Verhandlungen haben hervorragend funktioniert, beide Seiten haben dabei viel gelernt."

Gleichzeitig war klar, dass sowohl Airbus mit Vorarbeiten zum A3XX-Design als auch Boeing mit dem NLA weiter an eigenen Großflugzeug-Projekten tüftelten – denn schließlich wusste niemand, ob die ungewöhnliche transatlantische Allianz je zu einem Ergebnis führen würde. „Boeing hat immer einen etwas geringeren Markt vorhergesagt als wir, aber am Schluss wäre es

AIRBUS A380-800

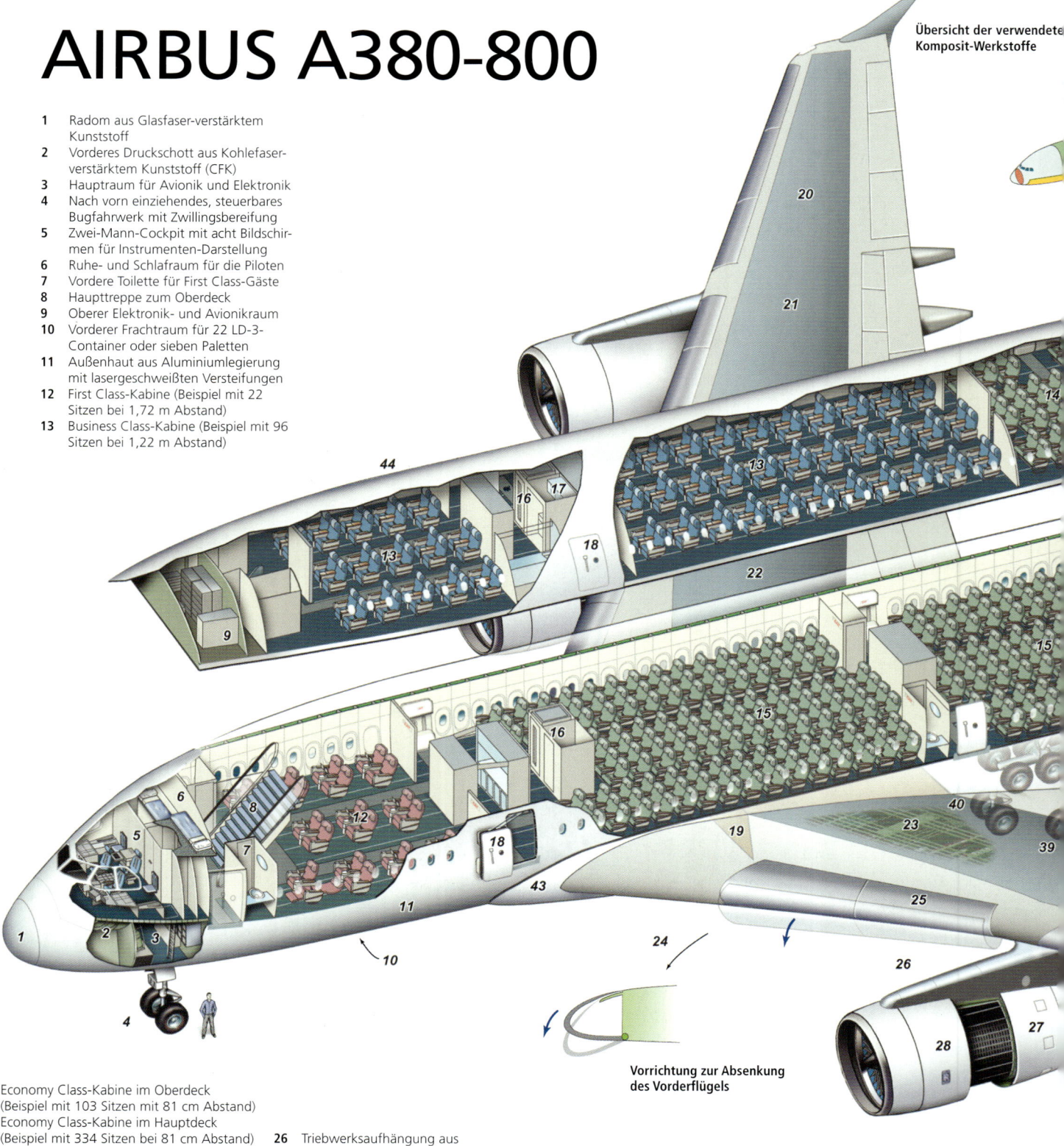

1 Radom aus Glasfaser-verstärktem Kunststoff
2 Vorderes Druckschott aus Kohlefaser-verstärktem Kunststoff (CFK)
3 Hauptraum für Avionik und Elektronik
4 Nach vorn einziehendes, steuerbares Bugfahrwerk mit Zwillingsbereifung
5 Zwei-Mann-Cockpit mit acht Bildschirmen für Instrumenten-Darstellung
6 Ruhe- und Schlafraum für die Piloten
7 Vordere Toilette für First Class-Gäste
8 Haupttreppe zum Oberdeck
9 Oberer Elektronik- und Avionikraum
10 Vorderer Frachtraum für 22 LD-3-Container oder sieben Paletten
11 Außenhaut aus Aluminiumlegierung mit lasergeschweißten Versteifungen
12 First Class-Kabine (Beispiel mit 22 Sitzen bei 1,72 m Abstand)
13 Business Class-Kabine (Beispiel mit 96 Sitzen bei 1,22 m Abstand)

Vorrichtung zur Absenkung des Vorderflügels

14 Economy Class-Kabine im Oberdeck (Beispiel mit 103 Sitzen mit 81 cm Abstand)
15 Economy Class-Kabine im Hauptdeck (Beispiel mit 334 Sitzen bei 81 cm Abstand)
16 Aufzug für Bordverpflegung
17 Bordküche
18 Aus- und Einstiegstür (zehn im Hauptdeck, sechs im Oberdeck)
19 Flügelkasten aus CFK
20 Verklebte Aluminiumhaut an der Tragfläche
21 Hochfeste Aluminiumlegierungen in der Flügelmitte
22 Hochfeste Aluminiumlegierungen an der Flügelwurzel
23 Haupt-Kerosintanks mit 310.000 Litern Fassungsvermögen
24 Absenkbare Vorflügel zur Auftriebserhöhung
25 Fest montierte Flügelkante aus thermoplastischem Kunststoff

26 Triebwerksaufhängung aus Kunststoff und Titan
27 Nach hinten schwenkbare Triebwerksabdeckung zur Erzeugung von Umkehrschub (nur an den beiden inneren Triebwerken)
28 Triebwerksabdeckung aus CFK
29 Rolls-Royce Trent 970-Turbofan-Triebwerk mit 70.000 lbs Schub
30 Alternativ-Triebwerk GP7270 der Engine Alliance mit 70.000 lbs Schub
31 Bewegliche Vorflügelklappen
32 Äußere Tragflächenrippen aus CFK
33 Dreigeteilte Querruder aus CFK
34 Acht Störklappen (Spoiler) aus CFK je Flügel
35 Äußere Landeklappen aus CFK

36 Einteilige innere Landeklappe aus Aluminium
37 Landeklappenführungen aus Komposit-/Aluminium-Verbundwerkstoff
38 Vierrädriges Fahrwerk unter der Tragfläche
39 Sechsrädriges Hauptfahrwerk unter dem Rumpf mit steuerbarer Hinterachse
40 Optionales Doppelrad-Zusatzfahrwerk für A380-Versionen mit gestrecktem Rumpf oder höherem Abfluggewicht
41 Hinterer Frachtraum für 16 LD-3-Container oder sechs Paletten sowie optionalem Ruheraum für Kabinenbesatzung in einem Container

42 Heckfrachtraum für Stückgut (18,4 Kubikmeter)
43 Flügelwurzelverkleidung aus Komposit-Werkstoff mit Wabenstruktur
44 Obere Rumpf-Panele aus Glare (Aluminium-Verbundwerkstoff)
45 Bodenverstrebungen des Oberdecks aus CFK
46 Wendeltreppe hinten
47 Hintere Bordküche (hier beispielhaft mit Ruheraum)
48 Hinteres Druckschott aus CFK

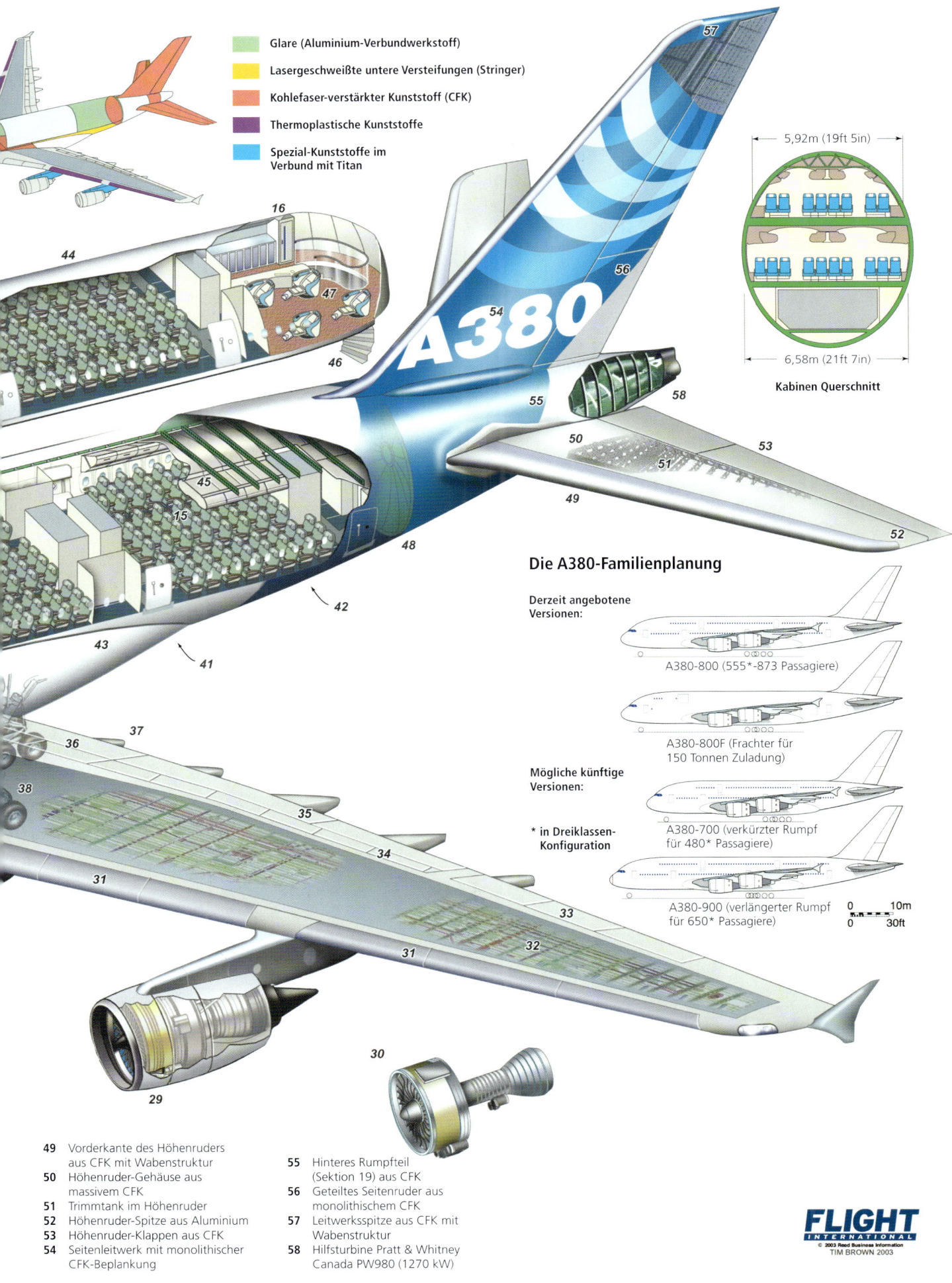

Glare (Aluminium-Verbundwerkstoff)

Lasergeschweißte untere Versteifungen (Stringer)

Kohlefaser-verstärkter Kunststoff (CFK)

Thermoplastische Kunststoffe

Spezial-Kunststoffe im Verbund mit Titan

5,92m (19ft 5in)

6,58m (21ft 7in)

Kabinen Querschnitt

Die A380-Familienplanung

Derzeit angebotene Versionen:

A380-800 (555*-873 Passagiere)

A380-800F (Frachter für 150 Tonnen Zuladung)

Mögliche künftige Versionen:

* in Dreiklassen-Konfiguration

A380-700 (verkürzter Rumpf für 480* Passagiere)

A380-900 (verlängerter Rumpf für 650* Passagiere)

0   10m

0   30ft

49 Vorderkante des Höhenruders aus CFK mit Wabenstruktur
50 Höhenruder-Gehäuse aus massivem CFK
51 Trimmtank im Höhenruder
52 Höhenruder-Spitze aus Aluminium
53 Höhenruder-Klappen aus CFK
54 Seitenleitwerk mit monolithischer CFK-Beplankung

55 Hinteres Rumpfteil (Sektion 19) aus CFK
56 Geteiltes Seitenruder aus monolithischem CFK
57 Leitwerksspitze aus CFK mit Wabenstruktur
58 Hilfsturbine Pratt & Whitney Canada PW980 (1270 kW)

schon eine Katastrophe gewesen, wenn beide Hersteller ein eigenes Groß-Flugzeug realisiert hätten. Wenn Boeing die NLA und wir die A380 gebaut hätten, dann hätten wir uns gegenseitig kaputt gemacht", weiß Jürgen Thomas. „Mir und John Hayhurst kam es vor allem darauf an, unseren Shareholdern zu zeigen, was geht und was nicht geht. Ob man es dann letztlich gemacht hätte, wäre eine politische Entscheidung gewesen. Wir haben uns ja an einigen technischen Dingen gerieben und keine gemeinsame Lösung gefunden, zum Beispiel beim Cockpit, einer Imagefrage für jeden Hersteller. Airbus hatte seit der A320 ein Cockpit mit Sidesticks, die beide voneinander unabhängig sind, und Boeing hatte die zentralen Steuersäulen, die miteinander gekoppelt sind. Das ließ sich nicht miteinander vereinbaren und ging dann soweit, dass wir zwei Cockpits anbieten wollten und die Airlines entscheiden sollten, welches sie bestellen. Aber das ist dann daran gescheitert, dass das Flugkontrollsystem in seiner Philosophie anders war, das ließ sich nicht mit zwei verschiedenen Cockpits kombinieren. Das andere Streitthema war die Größe, in der wir unterschiedlicher Meinung blieben."

So oder so hatten die ersten groben VLCT-Entwürfe die Qualitäten eines Monster-Flugzeugs – nicht nur in der Größe. Wo etwa die Boeing 747 eine Million Watt an Leistung benötigte, um Ruder und Klappen zu betätigen, wäre beim VLCT zwölfmal soviel Energie nötig gewesen. Und damit nicht genug, allein das Treibstoff-Gewicht dieses Monstrums hätte das Startgewicht einer kompletten 747 übertroffen. Um diese Hürden zu überwinden wurden sogar Studien angestellt, den Giganten mit sogenannten JATO-Hilfsraketen (wie sie etwa Hercules-Millitärtransporter zum Start in der Antarktis benutzen) in den Himmel zu hieven oder auf eine Luftbetankung zurückzugreifen – abenteuerliche Vorstellungen völlig ohne Realitätsbezug zum täglichen Airline-Betrieb. „Wir haben beim VLCT noch keine konkreten Flugzeugentwürfe erstellt, sondern beide Seiten hatten jeweils eine Referenz-Familie von Flugzeugen auf dem Papier und wir mussten sicherstellen, dass die technisch konsistent waren", erinnert sich Jürgen Thomas.

Der schlaue Satz „You can't make love and war at the same time" ist eine Erkenntnis, die schließlich zum Ende der gemeinsamen Arbeit von Airbus und Boeing geführt hat. Die Diskrepanz zwischen Konkurrenzkampf bis aufs Messer einerseits, etwa zwischen A330/340 und der Boeing 777 oder zwischen A320 und Boeing 737 mit manchmal boshaftesten Marketingkampagnen – oft auch unter der Gürtellinie –, und andererseits einer vertrauensvollen Zusammenarbeit beim gemeinsamen Milliardenprojekt, das konnte nicht funktionieren. Aber auch inhaltlich kamen Europäer und Amerikaner nicht zusammen: „Da gab es dann vier oder fünf Punkte wie Cockpit und Größe,

wo es keine Einigung gab. Die Europäer haben diese technischen Gründe vielleicht vorgeschoben, aber in Wirklichkeit war kein politischer Wille mehr da", meint Jürgen Thomas. Auch die Motive der wichtigsten Boeing-Beteiligten seien unterschiedlich gewesen: „Es gab bei Boeing den Chef Frank Shrontz, der wollte wissen, ob man in diesem Segment ein Geschäft machen konnte", blickt Jürgen Thomas zurück, „und es gab Leute wie den Chef der kommerziellen Sparte, Ron Woodard. Die hatten nur im Sinn, Airbus kaputt zu machen. Damals, Anfang der 1990er-Jahre, lagen wir bei 30 Prozent Marktanteil und Boeing bei 50 Prozent. In einem Meeting sagte ein Airbus-Manager, es sei unser Ziel, künftig 50 Prozent Marktanteil zu erreichen. Ron Woodard hat sich ausgeschüttet vor Lachen und gefragt wie Airbus so überheblich sein kann, und befunden, dass man mit ‚solchen Spinnern' nicht zusammenarbeiten kann", so Jürgen

Schon 1993 sahen die Airbus-Grafiker den A3XX über Paris – tatsächlich verwirklichte sich diese Vision erst im Juni 2005. (Airbus)

Thomas. Im Juli 1995 wurde das Projekt VLCT nach der zweiten Phase zunächst auf Eis gelegt, Airbus erbat sich eine Denkpause. Im März 1996 begruben Jürgen Thomas, John Hayhurst und Hartmut Mehdorn dann bei einem Dinner in Zürich die Initiative.

Als sich abzeichnete, dass die Gespräche mit Boeing zu keinem konkreten Ergebnis führen würden und gerade die Franzosen auf eine rein europäische Lösung drängten, kam die Idee auf, dass Airbus das Projekt zu 60 Prozent selbst übernehmen und für den Rest Unter-Auftragnehmer finden sollte. Jürgen Thomas reiste durch die ganze Welt um Partner zu suchen, viele davon gehören heute zu jenen Zulieferern, die insgesamt über 30 Prozent der Projekt-Anteile als sogenannte Risk Sharing Partner übernommen haben. Während Boeing wenig Publicity darüber machte, dass in Seattle weiter auch an rein amerikanischen Konzepten geforscht wurde, waren Airbus-Leute schon 1994 mit dem A3XX-Projekt zu potenziellen Schlüssel-Kunden wie Cathay Pacific gereist. „Das war eine Kampagne, um bei den Airlines Design-Input zu holen für das Projekt. Für ein Angebot war es noch viel zu früh", so Jürgen Thomas.

Aber Airbus hatte zu dieser Zeit mit dem A3XX längst ein eigenes tragfähiges Konzept, auch wenn viele damals noch Zweifel an der Machbarkeit hegten. „Die A3XX ist eine größere Herausforderung als ein neues Überschallflugzeug zu entwerfen", äußerte etwa Air-

bus-Strategiedirektor Adam Brown. Im Juni 1993 war aus den Designstudien ASX von Aérospatiale, A2000 der Dasa und AC14 von British Aerospace erstmals ein gemeinsamer Doppelstöcker-Entwurf geworden. Im Oktober 1993 wurde in Toulouse das A3XX Integrated Team gebildet, das sich zwischen zwei Basisentwürfen entscheiden musste: Dem Doppelrumpf nebeneinander, genannt A3XX-H600, und dem Doppelstöcker übereinander, genannt A3XX-V600. Im Januar 1994 schließlich wurden die zwei durchgehenden, übereinander angeordneten Passagierdecks ausgewählt. Den Ausschlag gaben vor allem die erwarteten Probleme bei der Evakuierung der Kabine des nebeneinander angeordneten Zwillingsrumpfs mit bis zu 14 Sitzen pro Reihe. Mit zehn Sitzen auf dem Hauptdeck und sieben im Oberdeck bot der Doppelstöcker eine weit höhere Flexibilität. Das A3XX-Konzept gewann rapide an Fahrt, im April 1994 erreichte es bereits den Status Fünf, die fünfte wesentliche Überarbeitung. Die größten Änderungen 1994 betrafen die Entscheidung für vier statt drei Fahrwerksbeine, eine Verlegung der Tragflächen weiter nach hinten, eine Verlängerung des Basismodells und eine angestrebte Passagierkapazität zwischen 530 und 630. Im Juni 1994 lag das Konzept für die A3XX-100 vor, die als 530-570-Sitzer von bereits existierenden Turbofan-Triebwerken wie dem CF6-80E1, dem Pratt & Whitney PW 4168 oder dem Rolls-Royce Trent 700 wie im A330 angetrieben werden sollte bei einem maximalen Startgewicht von 471 Tonnen. Der Programmstart wurde damals nicht vor 1998 erwartet, die erste Auslieferung für 2003. Als das VLCT-Projekt mit Boeing gescheitert war, erreichte die A3XX bereits den Status 6C, dem eine Änderung des Rumpfquerschnitts vorausgegangen war, der jetzt acht Sitze nebeneinander im Oberdeck aufnehmen konnte. Die Frage des richtigen Rumpfquerschnitts ist eine der wichtigsten Entscheidungen in der Designphase, die allein über Erfolg oder Misserfolg eines Flugzeugs dieser Größenordnung entscheiden kann.

„Wenn sie eine bestimmte Anzahl von Sitzen pro Reihe im Haupt- und Oberdeck nehmen, kommt eine bestimmte Gesamtsitzzahl pro Rumpfquerschnitt heraus, und die ist bei allen Entwürfen verschieden. Wir haben neben der bestehenden 80 Meter-Längenvorgabe auch eine mögliche Rumpflänge von 85 Metern angeschaut", erklärt Jürgen Thomas, „aber man kann nicht jede beliebige Sitzzahl mit jedem beliebigen Rumpfquerschnitt kombinieren." Ein Oval ist strukturell nicht so günstig wie ein „double bubble" aus zwei aufeinandergesetzten Kreisen, denn nur darin herrscht überall ein konstanter Druck. Der kreisförmige Querschnitt etwa der A300/310 und der A330/340 ist strukturell optimal. Bei sehr viel größeren Flugzeugentwürfen würde es nicht ohne Doppeldeck gehen, das war den Airbus-Ingenieuren von vornherein klar, dafür allerdings bot ein kreisrunder Rumpf nur begrenzte Möglichkeiten. Die Strukturdesigner allerdings lieben auch das Oval nicht sehr, denn durch den Innendruck entstehen in den Bereichen der Bodenverankerungen große Spannungsspitzen. Beim „double bubble" dagegen lassen sich die Kräfte, die den Kreis aufbiegen wollen, durch den Fußboden abfangen.

Jürgen Thomas sind die vielfältigen, oft gegensätzlichen Interessen in dieser Definitionsphase gut in Erinnerung: „Gerade beim Rumpf sind die Bestrebungen nicht immer in dieselbe Richtung gelaufen, die Strukturleute wollten das eine, die Aerodynamiker das andere und die Marketingleute wieder was anderes. Allein die Krümmung des Ovals im Oberdeck war ein längerer Streitpunkt – die Marketingleute hätten da am liebsten eine senkrechte Wand gehabt wie im Autobus, aber das geht natürlich nicht. Die Diskussion war dann, wie die Krümmung sein muss, damit es genügend Kopffreiheit

Doppelstöcker unter sich. Den Größenunterschied zwischen Doppeldecker-Bussen für die Londoner Straßen und einem zweistöckigen Airbus für die Lüfte verdeutlicht diese frühe Grafik. (Archiv Spaeth)

am Fenster gibt. Wir haben dann weltweit Befragungen an Flughäfen mit einer Attrappe gemacht, an der sich die Krümmung verstellen ließ, und da haben wir Passagierkommentare eingeholt. Aber als wir uns auf die Krümmung und die Kästen am Boden des Oberdecks geeinigt hatten, waren plötzlich die Fenster zu hoch. Wenn man etwas weiter weg vom Fenster saß, hätte man sonst nur waagerecht herausschauen können. Also mussten die Fenster tiefer angebracht werden, und das zu einer Zeit, wo schon alles definiert war. Das war unheimlich schwierig – (Airbus-Verkaufschef) John Leahy wollte sogar acht Zentimeter tiefer und wir haben uns dann auf fünf Zentimeter geeinigt, um nicht den ganzen Rumpf neu konstruieren zu müssen."

Auch sonst gab es im Laufe der Zeit häufig kleine und große Veränderungen am A3XX-Konzept. So wird der Fußboden des Oberdecks aus dem Verbundwerkstoff CFK gefertigt um Gewicht zu sparen – eine der wesentlichen Maximen im gesamten Konstruktionsprozess –, lediglich der Unterdeck-Boden ist aus Metall. Im Oberdeck wurde aus dem gleichen Grund eine weitere geplante Tür auf jeder Seite weggelassen und es gibt nur noch jeweils drei Ausstiege. Die Tür-Integration bestimmte die Blechgrößen und die wiederum die Größe der Sektionen. Davon hing dann die mögliche Transportmethode zwischen den Werken ab. Eine wichtige Frage war auch: Wo lassen sich die Notrutschen unterbringen? Jetzt befinden sie sich wie bei der A321 unter der Tür in einem speziellen Fach. Ursprünglich sollten die Rutschen innen an den Türen angebracht werden, aber wegen ihres Gewichts von über 200 Kilo war das nicht möglich. „Da waren Tausende Fragen zu klären, die oft auch ins Politische gingen und etwa mit der Endmontage zu tun hatten. Man darf sich nicht die naive Vorstellung machen, dass wir die Ellipse als Querschnitt festgelegt hatten und damit der Rumpf definiert war",

sagt Jürgen Thomas. Mitte 1995 ging Airbus immer noch von einem Programmstart 1998 aus, sofern bis dahin sechs Airlines mindestens 40 Flugzeuge bestellt hätten. Die ersten Linienflüge erwartete man für 2003.

Im Februar 1996 beschloss Airbus-Chef Jean Pierson, dass jetzt eine Zentralorganisation in Toulouse für das Großprojekt nötig war. Nicht um das Riesenflugzeug sofort zu starten, aber um die industrielle Basis und eine Anlaufstelle für potenzielle Kunden mit ihren Anregungen zu schaffen und daraus eine Spezifikation des Flugzeugs zu erarbeiten, bis man den Airlines Garantien geben konnte. Vier bis fünf Jahre sind üblicherweise für diese Phase nötig. „Wir haben uns entschieden, alles unter einem Dach zusammenzufassen, Triebwerke, Systeme und so weiter, um uns vorzubereiten", sagt Robert Lafontan, einer der führenden A380-Ingenieure. „Zu diesem Zeitpunkt war fast das gesamte Design schon festgelegt und das Konzept im Prinzip so wie heute." Zuletzt war die Entscheidung gefallen, das Flugzeug nun doch mit neu zu entwickelnden Triebwerken auszustatten, alternativ mit dem Rolls-Royce Trent 900 oder dem GP7200 der Engine Alliance, eines Gemeinschaftsunternehmens von General Electric und Pratt & Whitney. Der Entschluss für neue Triebwerke wiederum hing mit den jetzt von 725 auf 780 Quadratmeter (und später endgültig auf 845 Quadratmeter) vergrößerten Tragflächen zusammen. Ausschlaggebend dafür war Singapore Airlines' Wunsch, unter allen Bedingungen voll beladen mit 555 Passagieren und Fracht zwischen London und Singapur fliegen zu können. Weitere Folge dieser Modifikationen war die Aufhängung der Triebwerke weiter außen an den Flügeln.

Am 2. April 1996 trat Jürgen Thomas seinen neuen Job als Chef der von ihm selbst so benannten Large Aircraft Division an. „Ich war kaum eingerichtet in meinem kargen Büro, da erfuhr ich, dass Boeing wenige Monate später bei der Farnborough Air Show die 747-500 und -600 starten würde und bereits zwei Unterschriften hatte, von Korean Air und Malaysian. Es fehlten ihnen aber noch wichtige Kernairlines wie BA oder Singapore Airlines (SIA). Mir war klar, wenn der 747-Relaunch gelingen würde, könnten wir wieder zumachen, dann sind die Kunden weg, die bestellen ja nicht beide Flugzeuge", erinnert sich der nach Frankreich zurückgekehrte Deutsche. „Wir planten also, im Juli 1996 auf einem Bauernhof im südfranzösischen Carcassonne die wichtigsten Airlines zu versammeln. Wir hatten schon ein gutes Konzept, es war nur noch nicht entschieden, ob das Oberdeck einen oder zwei Gänge und sieben oder acht Sitze pro Reihe haben sollte, und viele Details waren offen wie Treibstoffverbrauch oder Lärmentwicklung. Die Message dieser Veranstaltung war: Die Airlines sollten besser abwarten, bevor sie Ihre Bestellung aufgaben und auf die Alternative warten. Singapore Airlines wollte schon zu diesem Zeitpunkt

In immer neuen Varianten plante Boeing verlängerte und effizientere Versionen der 747. Die Resonanz bei den Airlines war ablehnend, doch jetzt soll 787-Technologie in einer neuen 747 für die Wende sorgen. (Boeing)

bestellen – aber Pierson sagte, das können wir nicht machen", erinnert sich Jürgen Thomas.

Die Bedrohung durch Boeing führte zu einem beschleunigten Zeitplan – der Programmstart wurde nun für das dritte Quartal 1999 angestrebt mit Erstauslieferungen weiterhin in 2003, das alles zum Listenpreis von 198 Millionen Dollar je Flugzeug bei geschätzten 8 Milliarden Dollar Entwicklungskosten. Ron Woodard von Boeing allerdings bezeichnete bereits in Farnborough 1996 die A3XX als „finanziellen Selbstmord" und stellte die Frage, wie Airbus die Entwicklung für 8 Milliarden Dollar schaffen wolle, wenn Boeing die 747-Weiterentwicklungen schon 5 Milliarden Dollar kosten würden. Er gehe vielmehr davon aus, dass die Entwicklungskosten für die A3XX eher zwischen 12 und 15 Milliarden Dollar liegen würden – eine visionäre und der Wahrheit nahe kommende Schätzung, wie man heute weiß. Jürgen Thomas hielt dagegen, dass die A3XX-100 um 17 Prozent geringere Kosten pro Sitzkilometer aufweist und die gestreckte A3XX-200 sogar 23 Prozent Ersparnis bringen würde. Schon im Januar 1997 erwies sich Boeings Bedrohung des Airbus-Vorhabens als Bluff – das 747-500X/-600X-Programm wurde eingestellt und Mike Bair, bei Boeing damals für Produktstrategie und heute für die 787 zuständig, begründete das schlicht damit, dass das Programm „a poor business case" sei, also schlechte Geschäftsaussichten biete.

Airbus sah daraufhin den Zeitdruck von sich genommen und kündigte an, man werde den Programmstart um ein Jahr verschieben und das Konzept überarbeiten. Anfang

1998 wurde der Start noch mal um neun Monate verschoben, weil sich die Zielsetzung der Ingenieure, die angestrebten geringeren Kosten pro Sitzkilometer gegenüber der 747-400 zu erreichen, noch nicht hatte verwirklichen lassen. Die verheerende Wirtschaftskrise in Asien hatte ohnehin für einige Jahre den potenziellen Markt für ein Riesenflugzeug zum Erliegen gebracht. Bei Boeing wurden Ende 1998 insgesamt 48.000 Mitarbeiter wegen des schwachen Marktes entlassen, auch Airbus kündigte abermals eine zeitliche Verschiebung des Programmstarts für die A3XX an und legte das selbst gesteckte Ziel nunmehr auf 60 Bestellungen von drei Airlines, um das Projekt umzusetzen. Boeing allerdings zog aus den wiederholten Verschiebungen des Airbus-Programms die falschen Schlüsse. Vorstandschef Phil Condit verkündete öffentlich seine Prognose „Airbus wird den A3XX niemals starten" und verstieg sich gar zu der Aussage: „Ich gebe Ihnen meine persönliche Garantie, dass Airbus dieses Mal keinen Erfolg haben wird." Damit hatte die Arbeit an einem A3XX-Konkurrenten für Boeing keine Priorität mehr. Heute ist Phil Condit ebenso Geschichte wie Boeings Marktführerschaft im zivilen Flugzeugbau, und beides hat mit diesen und anderen Fehleinschätzungen zu tun. Ende

1998 allerdings musste Airbus zugeben, dass die Entwicklungskosten für die A3XX-Familie nunmehr auf 10 Milliarden Dollar gestiegen seien, unabhängige Analysen gingen schon damals eher von 13 bis 17 Milliarden Dollar aus. Auf der Pariser Luftfahrtschau im Juni 1999 startete Boeing einen neuen Versuch, dem immer konkreter werdenden europäischen Riesen etwas entgegenzusetzen: Die 747X-Serie mit der 747-400X (416 Sitze, 14.200 km Reichweite), der 747X (430 Sitze, 16.550 km Reichweite) und der 747X Stretch (504 Sitze, 14.450 km Reichweite). Airbus hatte für die A3XX mit der Möglichkeit des Einbaus von Shops, Fitnessräumen oder sogar einer Bowlingbahn geworben, sprach von einem Bordkino mit Großleinwand und erwog sogar ein halbautomatisches Beladungssystem für die Bordverpflegung sowie die automatisierte Verteilung von Speisen und Getränken an Bord. „Da sind einige dumme Dinge gesagt worden wie gekachelte Bäder", gab Jürgen Thomas bereits 2001 zu. Plötzlich betonte nun aber auch Boeing, dass die 747X Platz böte für „Konferenzräume, Duty Free Shops oder Duschen". Doch die Anziehungskraft einer erneuten Überarbeitung dieses aus den späten 1960er-Jahren stammenden Flugzeugtyps bei den Airlines erwies sich als gering. Airbus hatte mit einer technologisch völlig neuen Flugzeug-Generation die besseren Verkaufsargumente.

Airbus bediente sich dabei einer Vermarktungsstrategie, die Boeing in den 1960er-Jahren ähnlich betrieben hatte: Man hielt sich an die Fluggesellschaften, die als die Innovationsführer in der Branche galten. Was für die 747 Pan American gewesen war, waren nun Emirates Airlines aus Dubai, Singapore Airlines und die australische Qantas. In einer eindrucksvollen Übersicht weist Airbus nach, dass ein Verkauf an solche Premium-Gesellschaften den Druck auf andere schafft, ein solch führendes Flugzeug aus Wettbewerbserwägungen ebenfalls anzuschaffen. Dazu führt Airbus-Verkaufschef John Leahy das Beispiel der 747-Einführung an. Innerhalb von 15 Monaten nach der Premiere der 747 in New York im März 1970 durch Pan Am und TWA hatten Lufthansa, Air France, JAL und BOAC nachgezogen. Noch schneller ging es auf den Tokio-Routen, hier war Northwest Orient im Dezember 1971 Vorreiter, innerhalb von nur sechs weiteren Monaten landeten auch Pan Am, Lufthansa, JAL und Air France mit dem Jumbo in Japan. Emirates war deswegen für Airbus ein wichtiger potenzieller Kunde, weil die erst 1985 gegründete Fluggesellschaft mit dem Anspruch auf weltweite Dominanz auftritt, aber über keine Boeing 747-Flotte verfügt. Aber in Toulouse musste man höchst sensibel vorgehen, um den kommerziellen Start des Riesenprojekts in die richtigen Bahnen zu lenken.

Jürgen Thomas erinnert sich: „Der Aufsichtsrat war gegen eine normale Launch Campaign (Start der Verkaufskampagne, d. Verf.) für die A3XX, da sie einen wahnsinnigen Imageverlust für Airbus fürchteten, wenn die Airlines, die so lange in Fokusgruppen mit uns an der Projektdefinition gearbeitet hatten, nicht hätten bestellen wollen. Umgekehrt wären wir zum Launch verpflichtet gewesen, wenn wir eine gewisse Zahl von Orders bekommen hätten. Die Bedingungen für einen Launch waren vier verschiedene Qualitäts-Airlines und etwa 60 Bestellungen – jetzt darf man das sagen, vorher sagt man das nie, denn die letzte Airline weiß dann, dass sie den Ausschlag gibt. Und dann wären uns die Hände gebunden gewesen, selbst wenn wir im Zweifel gewesen wären, ob überhaupt noch viele andere Airlines mit Orders gefolgt wären. Da hatte der Aufsichtsrat eine Mordsangst davor, dass sie mit einer solchen Verkaufskampagne in ein 10- bis 12-Milliarden-Dollar-Business hineinstürzen könnten. Da habe ich Anfang 2000 die Pre-Launch-Kampagne erfunden: Wir bieten verschiedenen Schlüssel-Airlines das Flugzeug mit allen Garantien, Preisen, Konzessionen und Lieferzeiten an. Dann sollte uns etwa SIA schriftlich geben, dass sie, wenn denn die eigentliche Kampagne käme, unterschreiben würde. Das lief gut, innerhalb eines Vierteljahres hat John Leahy die nötigen Unterschriften gehabt." Gleichzeitig war sich Leahy, der als der beste Flugzeugverkäufer der Welt gilt, der Tragweite der anstehenden Entscheidung bewusst. Ebenso wie Boeing und Pan Am über drei Jahrzehnte zuvor ihre Existenz mit der Entwicklung der 747 aufs Spiel setzten, war es auch diesmal: „Wir verwetten mit der A3XX unsere Company", bekannte Leahy öffentlich.

Im Mai 2000 kündigte Emirates die Absicht an, fünf A3XX zu bestellen und Optionen für weitere fünf einzugehen, auch Singapore Airlines, Air France, die Leasingfirma ILFC, Virgin Atlantic Airways sowie zwei weitere, ungenannte Airlines gaben Vorab-Zusagen. Virgin-Chef Richard Branson

schwärmte vom „Quantensprung im Passagier-Appeal" durch den Riesenflieger. Doch bevor der sogenannte „Commercial Launch" verkündet werden konnte, mussten Jürgen Thomas und seine Mitarbeiter erneut massiv Hand ans Design legen – die jetzt beinahe Schlange stehenden Kunden in spe hatten zum Teil spezielle Wünsche, ohne deren Verwirklichung mit ihren Aufträgen nicht zu rechnen war. Hatte Boeing bei der Entwicklung der 747 Mitte der 1960er-Jahre noch primär mit einer Airline – Pan American – über die Auslegung zu streiten, sah sich Airbus gleich mit den ganz unterschiedlichen Forderungen von einem halben Dutzend Erstkunden konfrontiert.

Jürgen Thomas blickt zurück: „Ungefähr ein Jahr vor dem Launch haben wir das Abfluggewicht von 540 auf 560 Tonnen erhöht, das war eine reine Reichweitenfrage. SIA hatte Zweifel an der ausreichenden Reichweite zwischen Singapur und London unter allen Bedingungen, das geht auf ihre schlechten Erfahrungen mit der 747 zurück. Auch Qantas hat leichten Druck gemacht wegen der Reichweite, was dann dazu führte, dass Qantas unerwartet zu einem der Erstkunden wurde. Wir haben das Abfluggewicht um 20 Prozent erhöht, was uns 15 Tonnen mehr Kraftstoff ermöglichte und plötzlich auch die Pazifik-Routen der Qantas möglich machte. Eine der schwersten Entscheidungen war nötig, um die Bedingung von SIA zu erfüllen, in London nach der nachts neu gültigen Lärmverordnung QC2 landen

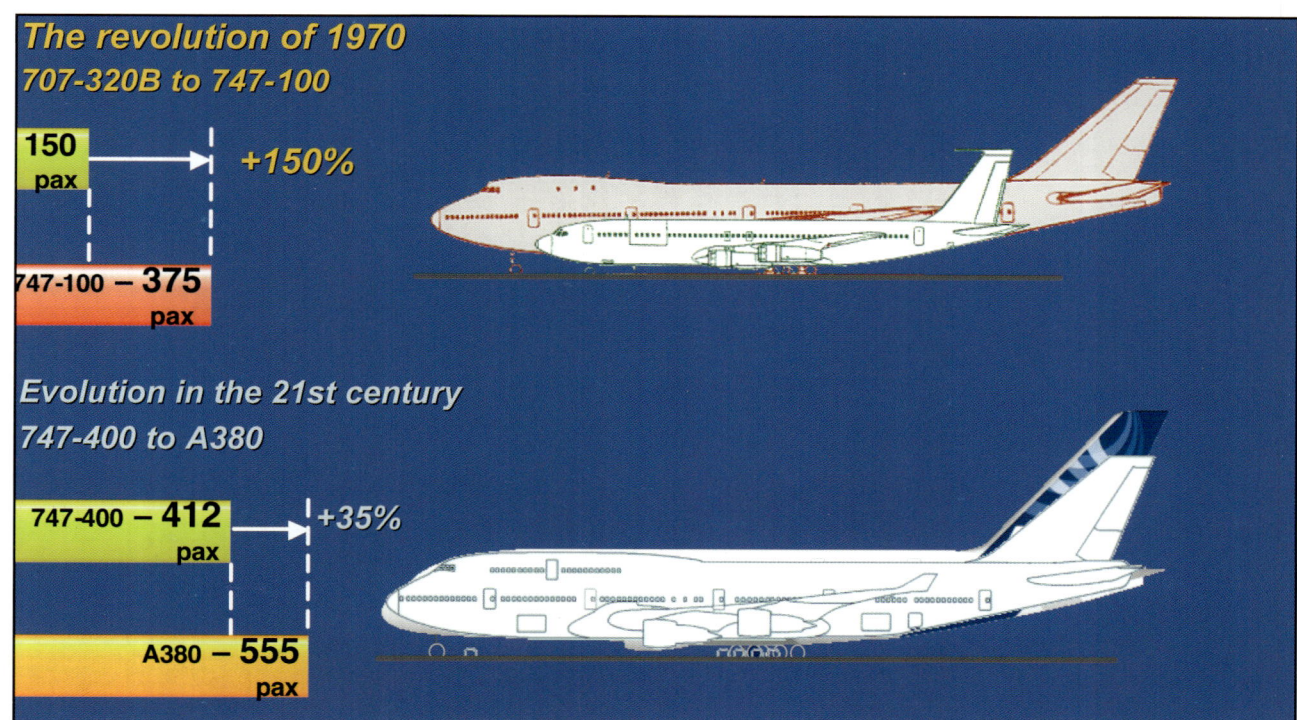

The revolution of 1970
707-320B to 747-100

150 pax
+150%
747-100 – 375 pax

Evolution in the 21st century
747-400 to A380

747-400 – 412 pax
+35%
A380 – 555 pax

Mit solchen Darstellungen versucht Airbus der Branche die Schwellenangst vor der A380 zu nehmen – der Quantensprung von der Boeing 747 zur A380 ist geringer als jener von der 707 zur 747. (Airbus)

zu können. Deswegen musste das Triebwerk sowohl von der Engine Alliance als auch von Rolls-Royce geändert werden, von 2,80 Meter Fan-Durchmesser auf 2,94 Meter, um mehr Bypass, Umströmung kalter Luft, zu ermöglichen und damit den Lärm zu reduzieren. Das hatte erhebliche Folgen auch für die Installation der Triebwerke. Durch den neuen Fan war auch eine veränderte Aufhängungsposition nötig geworden. Das Triebwerk war auch um über drei Tonnen schwerer auf diese Weise. Aber letztlich war es richtig, wenn so ein Flugzeug jetzt für 50 Jahre verkauft werden soll", so Jürgen Thomas.

Der erste entscheidende Schritt auf dem Weg zur Marktreife geschah am 23. Juni 2000 – an diesem Tag erteilten die Airbus-Anteilseigner die Genehmigung, potenziellen Erstkunden verbindliche kommerzielle Angebote vorzulegen. Bereits auf der Farnborough Air Show im Juli 2000 unterschrieb Emirates eine Kaufzusage für das offiziell noch gar nicht gestartete Flugzeug, das immer noch A3XX hieß. Fünf Passagier- und zwei Frachtflugzeuge des neuen Typs wollten die Araber ab Frühjahr 2006 in ihrer Flotte haben, wie es damals hieß. Nun konnte auch Singapore Airlines nicht länger warten und erteilte Ende September 2000 eine Kaufzusage für 10 Exemplare plus 15 Optionen. Schon damals sicherten sich die auf Prestige und Innovations-Führerschaft bedachten Asiaten das Recht, als erste Fluggesellschaft der Welt den A3XX einzuführen, was damals für das erste Quartal 2006 vereinbart wurde. Dann zeigten sich die Effekte des Wettbewerbsdrucks und auch Qantas brach mit der Jahrzehnte durchgehaltenen reinen Boeing-Tradition und erteilte am 29. November 2000 sowohl eine Bestellung über sechs Boeing 747-400ER (vormals 747-400X) – die einzige von Boeing verwirklichte neue 747-Version – sowie die Kaufzusage für zwölf A3XX. Qantas-Chef Geoff Dixon gab sich begeistert: „Die speziellen Attribute, die die A3XX Qantas bringt, haben den Ausschlag gegeben. Wir haben die A3XX aus einer Reihe von Gründen gewählt, darunter ihre Zuladungskapazität, ihre operationellen und wirtschaftlichen Vorteile und ihr Entwicklungspotenzial als Start eines neuen Flugzeugtyps." Selbst Jürgen Thomas schien vom plötzlichen Erfolg überrollt: „Ich war überrascht, dass vor allem Qantas und Virgin so schnell unterschrieben haben."

Am 19. Dezember 2000 war es dann endlich soweit – mit Vorverträgen für die Festbestellung von 50 Flugzeugen und Optionen für weitere 42 von sechs Airlines (Air France, Emirates, ILFC, Qantas, Singapore Airlines und Virgin Atlantic) erteilte der Airbus-Aufsichtsrat grünes Licht für den Start des größten zivilen Luftfahrtprojekts der Geschichte. Jetzt wurde auch die endgültige Bezeichnung A380 bekannt gegeben – laut Airbus-Chef Noël Forgeard symbolisiert die Acht zum einen den „double bubble"-Rumpf des Flugzeugs, zum anderen soll sie asiatische Kunden gewogen machen – vor allem in China gilt die Acht als Glückszahl.

„Airbus hat ein neues Flaggschiff", jubelte Aufsichtsratsvorsitzender Manfred Bischoff. Doch das war in seiner Auslegung immer noch nicht endgültig und bis ins Detail definiert, daran tüftelten die Ingenieure noch bis Ende 2003.

Ein immer wieder geänderter Bereich der A380 ist die Rumpfnase – nicht weniger als 50 verschiedene Versionen gab es im Laufe der Designevolution allein für die Position des Cockpits, von knapp unterhalb des Hauptdecks bis auf einer Höhe mit dem Oberdeck wurde alles ausprobiert. Jürgen Thomas erklärt: „In diesem Bereich spielt die Strömungsverdrängung eine große Rolle. Dort wo die Cockpitpartie in den Hauptrumpf übergeht, findet man die größten Geschwindigkeitsspitzen der Luftströmung. Da herrscht manchmal Schallgeschwindigkeit und man muss aufpassen, dass da kein Überschallknall Widerstand erzeugt – die Form ist von entscheidender Bedeutung. Wichtig ist auch ein bestimmter, von den Zulassungsbehörden vorgeschriebener Sichtwinkel nach unten und seitlich aus dem Cockpit, danach richtet sich auch die Anordnung der Fenster, außerdem spielt der Innenraum eine Rolle bei der Cockpitgestaltung. Schließlich sind die durch den Fahrtwind entstehenden Innengeräusche im Cockpit zu beachten, das ist schon bei einigen Flugzeugen schief gegangen", weiß Thomas. Als alles schon aufs Beste abgestimmt und festgelegt schien, stand plötzlich wieder die bestehende Form zur Disposition. Der wichtigste Kunde Emirates bestand nämlich auf einer siebten Palette im Frachtraum, wo bis dato nur sechseinhalb hineingepasst hätten. „Für Emirates hat die A380 ja zwei Funktionen – einmal als Arbeitspferd zwischen Dubai und London, wo sie ein unheimliches Frachtaufkommen haben, und die andere Mission ist Dubai-New York mit einem anderen Interieur", so Jürgen Thomas. Um die siebte Palette unterzubringen waren erhebliche Änderungen nötig – ein Teil der Avionik wanderte aus der Avionics Bay unter dem Cockpit nach ganz oben über das Cockpit. Das alles führte am Schluss noch zu einer Verdickung der Rumpfnase und macht den Airbus A380-800, die Basisversion des Fliegens in einer neuen Dimension, optisch noch ein wenig pummeliger. „Die A380-800 ist recht gedrungen", gibt auch Jürgen Thomas zu, „die gestreckte Version dagegen wirkt optisch ausgeglichener". Auf die Frage, was der inzwischen aus der Tagesarbeit ausgeschiedene 67-Jährige heute fühlt, wenn er sein „Riesenbaby" betrachtet, sagt er nur: „Gute Emotionen empfinde ich erst, wenn die Flugzeuge ausgeliefert und die Kunden zufrieden sind." Tim Clark, Chef von Emirates und Kunde von inzwischen 43 Flugzeugen, sagt: „Boeing sollte das Handtuch werfen bei der 747 und zugeben, dass jetzt die A380 regiert – die wird auf dem Markt abräumen, wenn sie wirklich so wirtschaftlich ist wie Airbus behauptet."

Ein europäisches Riesenpuzzle

Zu Wasser, zu Lande und in der Luft – wie die A380-Bauteile aus ganz Europa die Endmontage in Toulouse erreichen.

Der Airbus A380 ist noch mehr als alle bisherigen Airbus-Flugzeuge ein wirkliches Gemeinschaftswerk von Deutschen, Franzosen, Engländern und Spaniern, von rund 1500 weiteren Zulieferern in über einem Dutzend Länder weltweit gar nicht zu sprechen. Traditionell haben dabei die verschiedenen Airbus-Werke feste Aufgaben im Produktionsprozess, die sie im Laufe der Jahrzehnte mit hoher Kompetenz erfüllt und stetig weiterentwickelt haben. Selbstverständlich greift auch die A380-Produktion auf dieses bewährte Netzwerk zurück, wobei die schieren Ausmaße so gewaltig sind, dass eine der entscheidenden Fragen immer war, wie alle Einzelelemente auf sinnvolle und wirtschaftliche Weise zusammengeführt werden können. Rund 50.000 Airbus-Mitarbeiter sind an 16 Standorten von Hamburg bis ins spanische Cadiz an der Fertigung von Einzelstücken dieses europäischen Riesenpuzzles beteiligt – es wäre in jeder Hinsicht unmöglich, die Produktion an einem Ort zu konzentrieren.

Umso dringlicher war zu entscheiden, an welchem Ort die Endmontage stattfinden sollte und wie die einzelnen Elemente an diesen Ort gelangen würden. Seit dem Planungsstart für den A3XX und dem offiziellen Beginn der Standortauswahl am 1. August 1997 brachten vor allem Lokalpolitiker in ganz Europa ständig neue mögliche Schauplätze für die lukrative und imageträchtige Endmontage ins Spiel. Als heiße Kandidaten neben den bekannten Airbus-Standorten galten zeitweise der ostdeutsche Flughafen Rostock/Laage, das französische Saint Nazaire sowie das spanische Sevilla. Das Bundesland Mecklenburg-Vorpommern stellte in der Hoffnung auf bis zu 4000 neue Arbeitsplätze und üppige Steuereinnahmen 400 Millionen Euro an Fördermitteln für ein neues Endmontage-Werk in Aussicht. Am 23. Juni 2000 wurde dann die Entscheidung bekannt gegeben: Airbus bleibt auch mit der A380 an den bekannten Produktionsstätten, interne wirtschaftliche und politische Erwägungen gaben

Die in Stade gefertigen A380-Leitwerke werden im Beluga-Frachtflugzeug von Hamburg nach Toulouse geflogen. (Airbus)

den Ausschlag, kein neues Werk zu errichten. Der Standort Toulouse erhielt die Endmontage zugesprochen, ebenso Tests, Flugerprobung und die Auslieferung der A380 an außereuropäische Fluggesellschaften. In Hamburg-Finkenwerder erfolgen Struktur- und Ausrüstungsmontage der vorderen und hinteren Rumpfsektionen, die Innenausstattung der fertigen Flugzeuge sowie Lackierung und die Auslieferung an Kunden in Europa und im Nahen Osten. „Durch diesen industriell sinnvollen Kompromiss können wir die vorhandenen Stärken, das technologische Know-how und die industriellen Fähigkeiten an den beiden Endmontage-Standorten des Airbus-Systems optimal nutzen", kommentierte der damalige Chef der DaimlerChrysler Aerospace Airbus, Gustav Humbert, die Entscheidung.

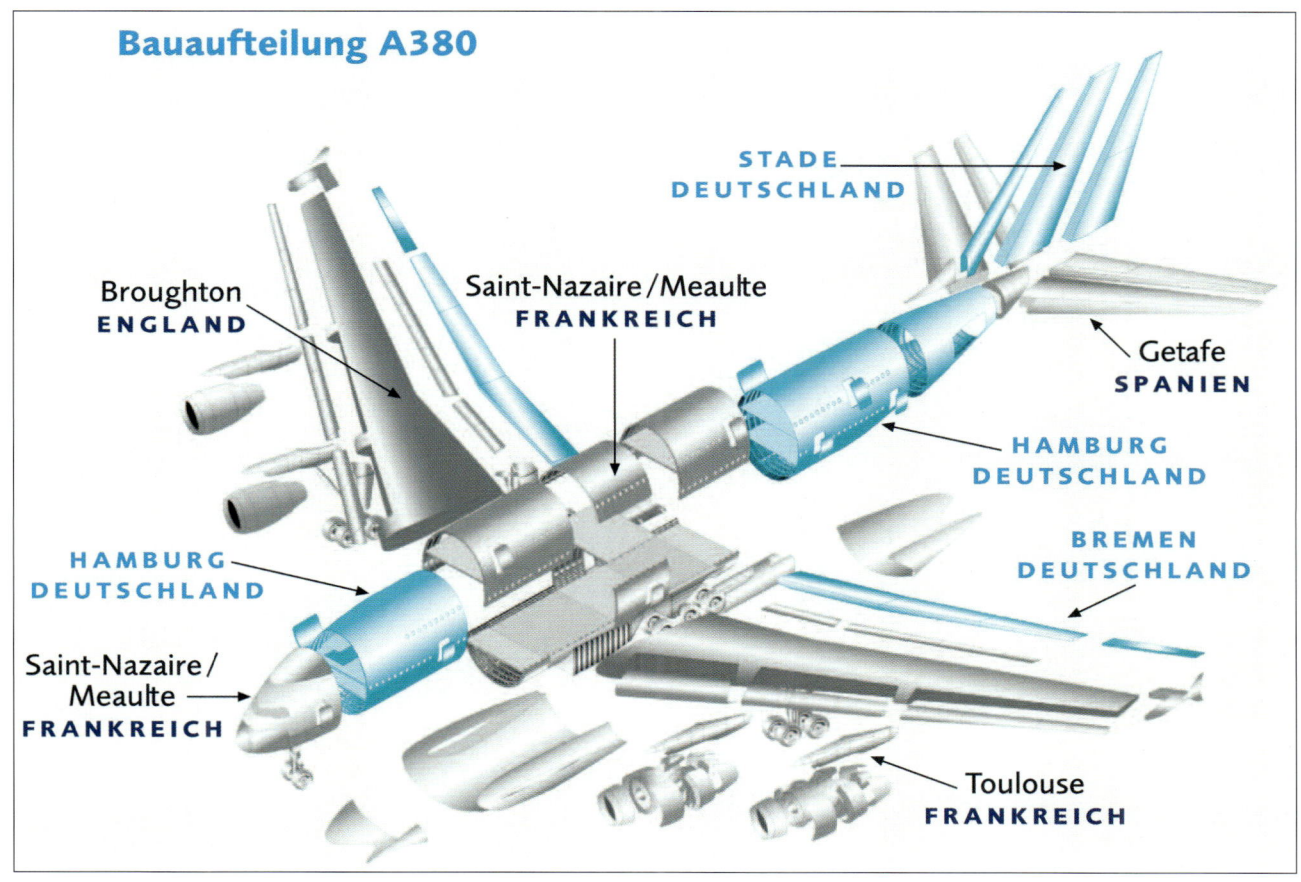

Bauaufteilung A380

STADE
DEUTSCHLAND

Broughton
ENGLAND

Saint-Nazaire/Meaulte
FRANKREICH

Getafe
SPANIEN

HAMBURG
DEUTSCHLAND

BREMEN
DEUTSCHLAND

HAMBURG
DEUTSCHLAND

Saint-Nazaire/
Meaulte
FRANKREICH

Toulouse
FRANKREICH

Doch ehe Hamburg und Toulouse überhaupt in der Lage waren, ihre Aufgaben in der A380-Produktion zu übernehmen, standen sie vor erheblichen Anstrengungen. In Hamburg musste in der Elbe das an die vorhandene Airbus-Werksfläche angrenzende Mühlenberger Loch zugeschüttet werden, um 165 Hektar Land für die neuen Produktionsanlagen zu gewinnen. 660 Millionen Euro kostete die Investition als Voraussetzung für 2000 neu zu schaffende Arbeitsplätze die Hamburger Steuerzahler, die Folgen für die Umwelt sollen mit umfangreichen Ausgleichsmaßnahmen begrenzt werden. Im Februar 2001 startete die Landgewinnung im Mühlenberger Loch, bereits im September 2002 war sie nach Aufschüttung von 10,6 Millionen Kubikmeter Sand innerhalb der im Wasser errichteten 1,2 Kilometer langen Stahlspundwand abgeschlossen. Die auf einer aufgespülten Teilfläche errichtete Major Component Assembly (MCA)-Halle nahm bereits am 25. August 2003 die Produktion von Rumpfsektionen für die A380 auf. Insgesamt investierte Airbus selbst für den Neubau des A380-Werks in Hamburg noch einmal 650 Millionen Euro. Für die hier gefertigten Rumpfsektionen wiederum werden Rumpfschalen aus dem Werk Nordenham zugeliefert, die in Spezialcontainern über Wesermündung, Nordsee und Elbe per Schiff nach Finkenwerder gebracht werden. Auch aus dem Werk Stade kommt sperrige Fracht nach Hamburg – die fast 15 Meter hohen Seitenleitwerke aus CFK-Ver-

Die Fertigung der Großteile für den A380 ist ähnlich wie bei allen anderen Airbus-Typen auf ganz Europa verteilt. Die fertigen Segmente müssen dann alle nach Toulouse zur Endmontage gebracht werden. (Airbus)

Das Rumpfmittelstück (gut erkennbar der Flügelkasten aus CFK-Verbundwerkstoff und der Fahrwerkschacht) wird in Hamburg auf ein Schiff verladen für die Reise nach Toulouse. (Airbus)

Das Airbus-Werk Hamburg-Finkenwerder wurde durch die Zuschüttung des Mühlenberger Lochs in der Elbe erheblich erweitert, um die A380-Produktion aufnehmen zu können. (Airbus)

Unten: Das Mühlenberger Loch in der Elbe vor Hamburg-Finkenwerder bei den Vorbereitungsarbeiten für die Zuschüttung im Frühjahr 2001. (Airbus)

Ein A380-Rumpfsegment wird über die Elbe nach Dresden verschifft, wo in jahrelangen Tests die Langzeit-Festigkeit des gesamten Flugzeugs ermittelt wird. (Airbus)

bundwerkstoff erreichen Finkenwerder per Tieflader auf der Straße, bevor sie hier lackiert werden und dann als einzige wesentliche Komponente auf dem Luftweg per Beluga-Frachter in Toulouse landen. Aus dem spanischen Getafe ist zuvor das Rumpf-Endstück ebenfalls nach Finkenwerder geflogen worden, hier wird es zum 25 Meter langen hinteren Rumpfsegment mit dem angrenzenden Hamburger Bauteil verbunden.

In Toulouse-Blagnac ist ebenfalls viel Erde bewegt worden, um zusätzlich zum bestehenden Airbus-Werk mit bisher allen Endmontage-Linien (mit Ausnahme der in Hamburg angesiedelten A318-, A319- und A321-Fertigung) die A380-Produktion zu ermöglichen. Innerhalb von nur zwei Jahren hat Airbus unter extremem Zeitdruck am nordöstlichen Rand des Flughafens auf 50 Hektar ungenutztem Land für 360 Millionen Euro das komplett neue Jean-Luc Lagardère-Werk aufgebaut. In den riesigen Hallen mit

Das größte Nadelöhr auf dem A380-Transportweg – die 1810 errichtete Pont de Pierre in Bordeaux. Nur bei Niedrigwasser und durch Ballastwasser abgesenkt können die Lastkähne passieren. (Airbus/P. Masclet)

Rechts: In Langon endet die Schiffsreise, hier werden Großteile wie Tragflächen von den Lastkähnen gerollt und auf der Straße weiter nach Toulouse befördert. (Airbus/P. Masclet)

Der extrem geräumige Schiffsbauch der „Ville de Bordeaux" kann mehrere Rumpfsegmente des A380 gleichzeitig aufnehmen und nach Frankreich transportieren. (Airbus)

150.000 Quadratmetern Fläche werden bis 2008 rund 2000 Mitarbeiter damit beschäftigt sein, das gigantische Puzzle zusammenzufügen, aus dem sich schließlich die 72,7 Meter langen Rümpfe der A380 mit ihren fast 80 Metern Flügelspannweite ergeben. Doch mit der Weichenstellung zur Schaffung der Voraussetzungen am Boden war noch nicht die Frage geklärt, wie etwa die fast neun Meter hohen und bis zu 25 Meter langen Rumpfsegmente aus Hamburg oder die jeweils 45 Meter langen und 38 Tonnen schweren Tragflächen aus dem walisischen Broughton zur Endmontage nach Toulouse gelangen sollten.

Bei den kleineren Airbus-Typen erledigt diese Aufgaben die Flotte aus fünf firmeneigenen Transportflugzeugen des eigens entwickelten Typs A300-600ST Beluga – doch dessen ansonsten rekordverdächtiger Frachtraum fasst nur bis zu 7,10 Meter hohe und 37,7 Meter lange Ladeelemente. Solche Erwägungen spielten in der Designphase des A3XX bereits eine wichtige Rolle: „Die Tür-Integration im Oberdeck hat zum Beispiel die Blechgrößen bestimmt und das wieder die Größe der Sektionen", erinnert sich Jürgen Thomas. „Davon hing dann der Trans-

Oben: Das 154 Meter lange Roll-on/Roll-off Transport-schiff „Ville de Bordeaux", eigens in China für Airbus ge-baut, wartet in Hamburg-Finkenwerder auf die Beladung mit A380-Teilen. (Airbus)

Links: In Langon verlässt eine in St. Nazaire gefertigte Rumpfnase für die A380 ihren Lastkahn und wird per Tief-lader weiter befördert. (Airbus)

portmodus ab – ursprünglich sollte dafür die Beluga ge-nutzt werden. Dann war sogar eine Super-Beluga im Ge-spräch, aber die hätte nochmal 800 Millionen Dollar ge-kostet", so Thomas, und eine solche Investition war in dem insgesamt schließlich rund zwölf Milliarden Euro teuren Programm nicht auch noch möglich. Bereits am 24. Juni 2000 meldete das Hamburger Abendblatt: „Zep-peline für den Transport". Airbus erwäge, das geplante Transport-Luftschiff Cargolifter für die Beförderung ein-zelner A380-Elemente nach Toulouse einzusetzen. Gut dass es dazu nicht kam, sonst wäre aufgrund des bald kläglich gescheiterten Cargolifter-Projekts womöglich auch noch das A380-Programm in Verzug geraten.

Airbus entschied sich für eine bodenständigere und dennoch innovative Lösung: In China ließ man die 154 Meter lange „Ville de Bordeaux" bauen, ein Roll-on/Roll-

off-Transportschiff, das in seinen riesigen leeren Bauch selbst größte A380-Bauteile wie die Tragflächen laden kann, die über Laderampen von Spezialfahrzeugen direkt an Bord gefahren werden. Maximal 120 Meter lang und 20 Meter breit ist der Frachtraum des Schiffs dank eines beweglichen Zwischendecks – genug für alle sechs Groß-teile auf einmal, die zum Zusammenbau eines A380 an-geliefert werden müssen. Der blaue Riese mit den großen weißen Lettern „Airbus A380 on Board" auf den Seiten-wänden ist seit Sommer 2004 in Betrieb. Der Airbus-See-frachter ist mit bis zu 16 Knoten Geschwindigkeit regel-mäßig auf der Strecke von Hamburg-Finkenwerder nach Mostyn in Wales unterwegs. Hier holt das bereits mit Rumpfsektionen aus Deutschland beladene Schiff jeweils zwei Tragflächen ab, die bei Airbus UK im nordwalisi-schen Broughton gefertigt werden, vom Seehafen Mostyn 35 Kilometer flussaufwärts auf dem River Dee. Ihr Transport bis zur Verladung nach Frankreich ist eine delikate Angelegenheit, vor allem auf einem zehn Kilometer langen Teilstück südlich von Broughton, wo bei Ebbe sehr wenig Spielraum beim Passieren zweier Brücken bleibt. Eine ganze Woche dauert es daher, bis zwei Tragflächen zur Abholung in Mostyn bereitliegen. Nächster Anlegeplatz der „Ville de Bordeaux" ist dann Saint Nazaire an der Bucht von Biskaya bei Nantes. Hier wird das aus Hamburg kommende vordere Rumpfsegment entladen und mit der vor Ort produzierten Rumpfspitze verbunden, bevor die nun 22 Meter lange Sektion beim nächsten Besuch des Schiffes gemeinsam mit dem hier produzierten 23 Meter langen Rumpf-Mittelteil wieder eingeladen wird. Jetzt geht es zum kleinen Garonne-Flusshafen Pauillac kurz vor Bordeaux, etwa vier Tage dauert die rund 1200 Kilometer lange Wasser-Tour bis hier. Eine weitere regelmäßige Fahrt führt die „Ville de Bordeaux" vom südspanischen Cadiz nach Pauillac, wo unter anderem das bei der CASA im nahen Puerto Real produzierte mächtige Höhenruder (Spannweite 27 Meter) sowie Teile für die Rumpfunterseite abgeholt werden. Die Hochsee-

Schiffsverbindung stellt die wesentliche Lebensader der A380-Produktion dar.

Doch in Pauillac beginnen die Herausforderungen von neuem. Zunächst werden hier die Teile vom großen Schiff auf einen in Polen gefertigten Stahlponton umgeladen, der über Ballasttanks zur Stabilisierung verfügt. Dann stehen zwei elektrisch betriebene Lastkähne aus Holland bereit, von denen jeder 2300 Tonnen wiegt. Die Lastkähne transportieren die Rumpfsektionen, die Tragflächen und das Höhenruder insgesamt 95 Kilometer auf der Garonne durch Bordeaux bis nach Langon. Ein Computersystem misst über Sensoren Tide, Strömungen und Wind und hilft dem Kapitän zu entscheiden, wieviel Wasser in den Ballasttanks nötig ist, um alle Brücken sicher zu unterqueren. Heikelster Punkt der Fahrt ist die Pont de Pierre in Bordeaux, eine Steinbrücke von 1810, die nur eine geringe Durchfahrtshöhe gewährt. Vier solcher Fahrten sind nötig, um die Teile für ein Flugzeug zu befördern, bis 2008 werden jährlich bis zu 200 Fahrten erwartet. In Langon steht eine spezielle Schleuse bereit, die schwierige Hebe-Prozeduren überflüssig macht und es Spezialfahrzeugen ermöglicht, die Teile von den Last-

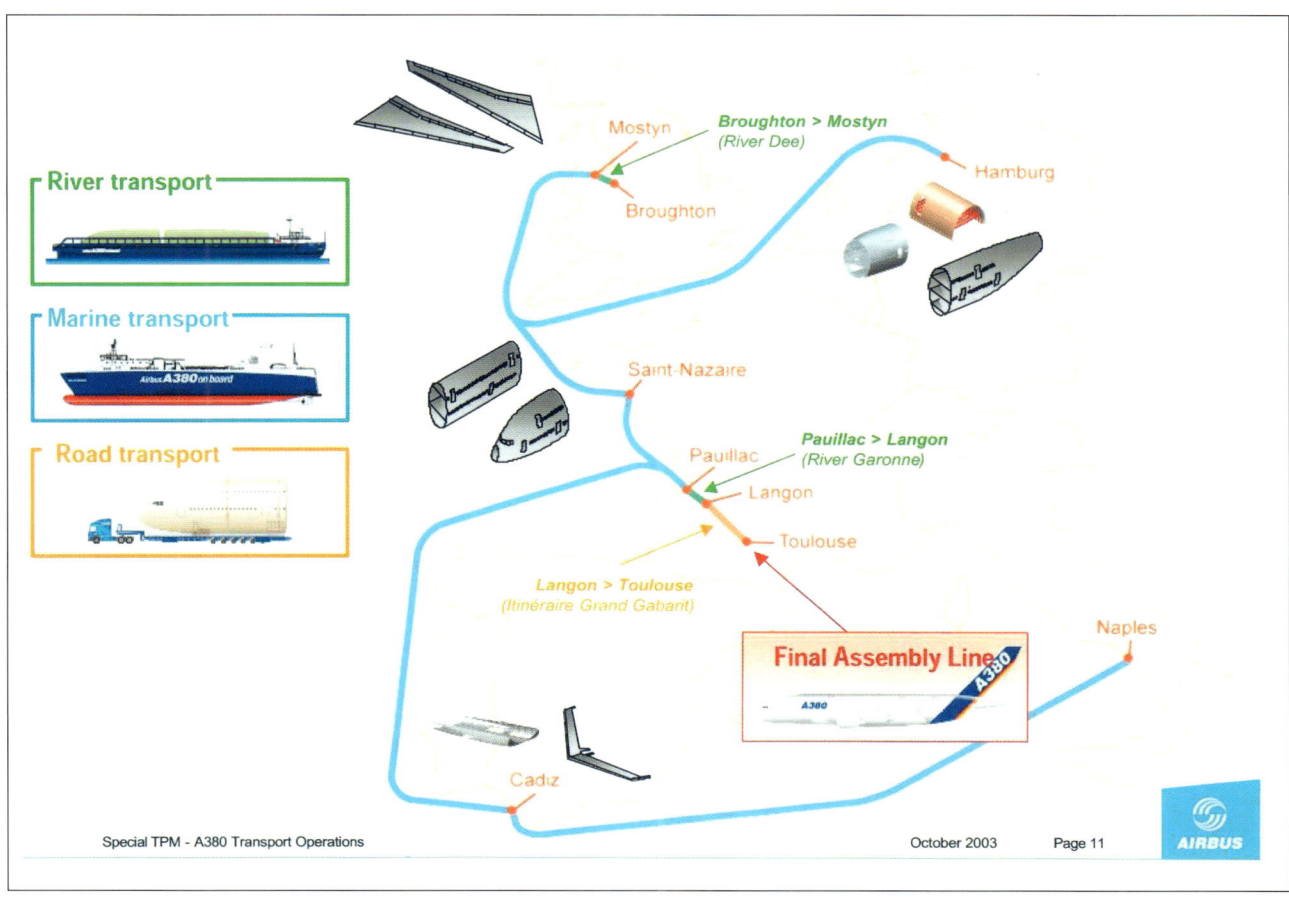

Zu Lande, zu Wasser und in der Luft: Ein ausgeklügeltes Transportsystem, in dem Frachtflugzeuge, Tieflader, See- und Flussschiffe zum Einsatz kommen, bringt Teile aus ganz Europa nach Toulouse. (Airbus)

Oben: Ein Flugzeugrumpf auf der Fahrt durch die französische Provinz. Das Rumpfmittelstück für die A380 mit der Baunummer 002 während des Straßentransports nach Toulouse. (Airbus)

Links: Flieger am Haken – dasselbe Mittelstück einige Tage zuvor in Hamburg-Finkenwerder bei der Verladung. (Airbus)

kähnen direkt an Land zu fahren. Jetzt sind es immer noch 240 Kilometer bis Toulouse – eine Distanz, die eine A380 in der Luft in 20 Minuten zurücklegen könnte. Noch in seine wesentlichen Einzelteile zerlegt dauert das am Boden mit drei Nächten und manchmal Geschwindigkeiten von nur 5 km/h erheblich länger, denn der „convoi exceptionnel" darf nur nachts fahren, da er die ganze Breite der Straße benötigt.

Für Kosten von 170 Millionen Euro wurde für den Straßentransport eine Schneise durch Südwestfrankreich geschlagen, Bäume Jahrhunderte alter Alleen gefällt, Kreuzungen begradigt, Häuser abgerissen, Stromleitungen unter die Erde verlegt und Weinberge eingeebnet. Eine Gruppe aus sechs Tiefladern mit Zug-Lkw sammelt sich zu Beginn einer Fahrt in einer eigenen Vorbereitungszone in Langon, jeder angeführt von einem 600 PS starken, speziell lärmgedämpften Mercedes-Truck. Die schwersten Stücke sind die je 38 Tonnen wiegenden Tragflächen, sie benötigen einen zwölfachsigen Tieflader mit insgesamt 96 Rädern und müssen mit hydraulisch betrieben Haltegestellen seitlich in vertikaler Stellung transportiert werden, damit die acht Meter Straßenbreite ausreichen. Manches Gespann aus Zug-Lkw, Tieflader und Flugzeugsegment kann insgesamt bis zu 250 Tonnen wiegen. Der Konvoi, der nur werktags zwischen 22 Uhr abends und sechs Uhr morgens unterwegs sein darf, ist ein beeindruckender Anblick – komplett mit Polizei-Eskorte, Überwachungsfahrzeugen und 60 Mann Personal, darunter einer mobilen Werkstatt für den Fall einer Panne. Um tagsüber abseits der Straße zu parken oder im Falle sehr schlechten Wetters zu pausieren stehen vier spezielle Wartezonen entlang der Strecke zur Verfügung.

Wenn die Produktion in vollem Gang ist werden jeweils sechs Komponenten für insgesamt drei Flugzeuge plus ein Satz Flügel gleichzeitig unterwegs sein: Ein Paar Tragflächen auf dem River Dee in Wales sowie jeweils eine volle Ladung auf See an Bord der „Ville de Bordeaux", eine auf der Garonne und eine auf der Straße nach Toulouse. Das Riesenpuzzle scheint kompliziert, macht aber nur zwei Prozent der Kosten eines A380 aus und hat sich bereits zu Produktionsbeginn der A380 bewährt.

Oben: Der Transport eines A380-Rumpfes über die Straße darf nur werktags zwischen 22 Uhr und sechs Uhr morgens erfolgen, 60 Mann Begleitpersonal sind für den Treck nötig. (Airbus)

Ganz oben: Um die Tragflächen zu transportieren müssen sie in einem aufwändigen Stahlgerüst hochkant auf die Ladefläche des Tiefladers gestellt werden. (Airbus)

Leichter, stabiler, effizienter

Wie die Airbus-Ingenieure mit neuen Werkstoffen und modernster Technologie die A380 effizient, sparsam und bedienerfreundlich gemacht haben.

Auf den ersten Blick beeindruckt die A380 vor allem mit ihrem Größenzuwachs von etwa 30 Prozent gegenüber der Boeing 747-400. Aber wirklich revolutionäre technische Neuerungen und Innovationen bietet sie für den flüchtigen Betrachter nicht. Dazu muss man dem Flugzeug unter die Haut gehen und auch die Außenhülle selbst genauer unter die Lupe nehmen um zu erkennen, dass Airbus mit der A380 tatsächlich neue Maßstäbe bei vielen Systemen und Werkstoffen setzt. Eine der wesentlichen Maximen bei der Planung des Riesen war die Minimierung des Gewichts, um damit den Flugbetrieb wirtschaftlicher machen zu können. Die A380 wiegt leer etwa 240 Tonnen – ganze 15 Tonnen weniger als ein vergleichbares Flugzeug mit herkömmlicher Technologie. Dies ist ein wesentlicher Faktor zur Reduzierung der Betriebskosten je Passagier und Sitzkilometer um etwa 13 Prozent gegenüber Vorgängerflugzeugen wie der 747-400, ein wesentliches Verkaufsargument von Airbus. Der Kampf gegen zuviel Gewicht allerdings zog sich wie ein roter Faden durch die Entwicklungsgeschichte der A380 – genau wie schon bei der Boeing 747 in den späten 1960er-Jahren. „Wenn ich nie ein Gewichtsproblem habe, dann habe ich das falsche Flugzeug", kommentiert Jürgen Thomas das Thema trocken. Um Gewicht zu spa-

Genau wie hier das GE90-Triebwerk flog im Dezember 2004 auch das GP7200-Triebwerk der Engine Alliance für die A380 erstmals an einem Boeing 747-Testflugzeug. (Archiv Spaeth)

ren ist vor allem der verstärkte Einsatz neuer, hochfester und gleichzeitig leichterer Werkstoffe nötig, und in diesem Bereich gehören die deutschen Airbus-Werke zu den führenden Herstellern. Trotzdem besteht die A380 in ihrer heutigen Form zunächst noch zu 61 Prozent aus herkömmlichen Aluminium-Bauteilen und zu zehn Prozent aus Titan und Stahl, während 22 Prozent auf Kompositwerkstoffe wie Kohlefaser-verstärkte Kunststoffe (CFK) entfallen und immerhin schon drei Prozent auf eine Weltneuheit im Verkehrsflugzeugbau namens Glare (Glass Fibre Reinforced Aluminium), der Rest auf unterschiedliche andere Materialien. Wer sehen will, was Glare ist und welches Zukunftspotenzial es auch in der Weiterentwicklung der A380 bietet, muss sich nach Nordenham an die Weser bei Bremen aufmachen.

In einer Halle des Airbus-Werks stehen Mitarbeiter an einem großen Metallrahmen und bringen sorgfältig bräunliche Klebefolie aus Kunstharz auf eine Lage Aluminiumblech auf. Kaum liegt die Folie richtig, werden die überstehenden Enden abgeschnitten und obendrauf kommt wieder eine 0,38 Millimeter dünne Lage Blech. „So entstehen zwölf bis 16 Schichten, immer abwechselnd Blech und Folie. Die Klebefolie steckt voller haarfeiner, parallel gerichteter Glasfasern; in einem 30 Quadratzentimeter großen Stück sind 250 Glasfäden", erklärt Gerald Ruß, der Leiter der Klebetechnik in Nordenham. Je nachdem für welchen Bereich am Flugzeug ein Teil vorgesehen ist, werden entsprechend nötige Materialverstärkungen an bestimmten Stellen gleich mit in den Werkstoff eingebaut. „Dazu können wir die Glasfäden in der Folie je nach Bedarf in vier verschiedenen Richtungen um einen bestimmten Winkel versetzt anbringen", so Gerald Ruß. Ist das Werkstück derart genau vorbereitet, wandert es in einen der riesigen Backöfen, den sogenannten Autoklaven. Fünf Stunden dauert es, bis die Materialien bei 125 bis 175°C unter einem Druck von sechs bis zehn bar ausgehärtet sind und das Kunstharz in der Folie zwischen die Glasfäden gedrückt ist.

Heraus kommt ein metergroßes Flugzeug-Hautfeld aus Glare, eines von 27 sogenannten Panels, aus denen weite Teile des oberen Rumpfes des doppelstöckigen Airbus A380 außerhalb des Tragflächenbereichs bestehen werden, insgesamt sind 469 Quadratmeter Außenhaut aus Glare. Außerdem ist die Bodenfläche des Frachtraums aus Glare gefertigt. Der Werkstoff ist extrem korrosionsbeständig, rissfest und gleichzeitig sehr resistent gegen Vogelschlag, weswegen er künftig auch für die besonders gefährdeten Vorderkanten von Tragflächen und Leitwerk verwendet werden soll. Den Druckspannungen in zentralen Bereichen des Rumpfes allerdings ist Glare noch nicht gewachsen, daher der bisher begrenzte Einsatz. Im Anschnitt sieht das neue Material durch die verschiedenen Lagen ein wenig

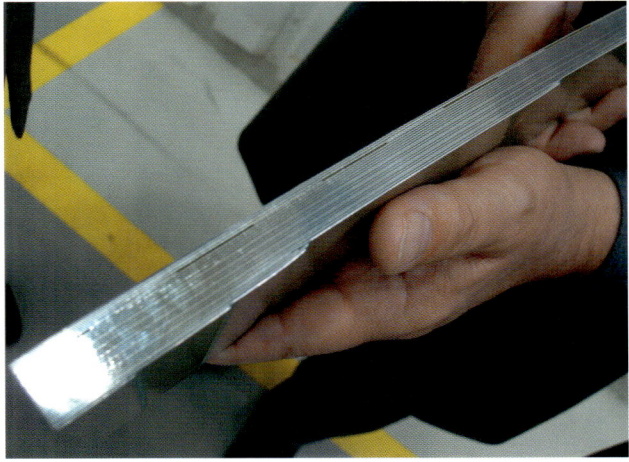

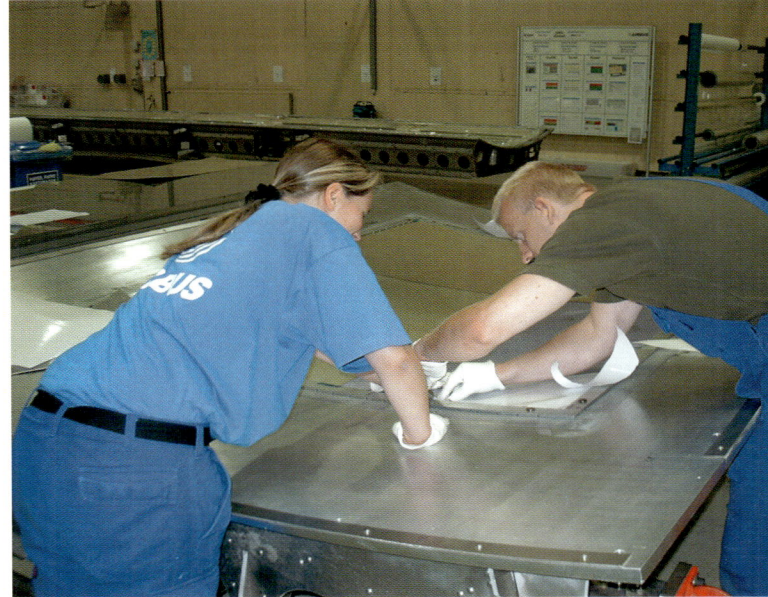

Oben: Glare ist ein neuer Verbundwerkstoff, der erstmals in der A380 in großem Stil eingesetzt wird. Bis zu 16 Schichten bestehen abwechselnd aus Kunstharzfolie und Aluminiumblech. (Spaeth)

Unten: Mitarbeiter des Airbus-Werks Nordenham bei Bremen stellen ein Werkstück aus Glare her, in dem sie abwechselnd Aluminium und Kunstharzfolie aufbringen und später im Autoklaven backen. (Spaeth)

wie Sperrholz aus, ist aber natürlich viel fester und trotzdem so leicht zu reparieren wie Aluminium. Glare, das seit längerer Zeit einem ersten Praxistest in einem Airbus A310 der Luftwaffe unterzogen wird, weist eine um zehn Prozent geringere Materialdichte gegenüber Aluminium auf und ist erheblich leichter. „Durch Glare sparen wir 15 bis 20 Prozent jenes Gewichts ein, das wir bei traditioneller Aluminiumbauweise gehabt hätten", sagt Gerald Ruß – ohne Glare wäre die A380 rund 800 Kilogramm schwerer geworden. Das Patent für Glare hat Fokker in Holland, vertreten durch die Nachfolgefirma Stork Aerospace, wo 22 der Panels für die A380 hergestellt werden. Fünf weitere Hautfelder entstehen in Nordenham, wo anschließend alle 27 Glare-Panels je Flugzeug zu neun sogenannten Rumpfschalen zusammengefügt und dann auf dem Seeweg nach Hamburg-Finkenwerder zur Endmontage der jeweiligen Sektion gebracht werden.

Aber in Nordenham betritt man auch auf anderen Gebieten Neuland, um die A380 leichter zu machen. Ganz im Süden des weiten Werksgeländes ist eigens eine neue 2600 Quadratmeter große Halle für das Laserschweißen entstanden. Während Glare das ideale Material für obere Rumpfbereiche ist, in denen Zugkräfte auftreten, so sind geschweißte Teile gut geeignet für unten liegende Zonen, in denen durch die bloße Schwerkraft und das Eigengewicht des Flugzeugs statische Druckkräfte auftreten. Bisher wurden im Flugzeugbau die Längsverstrebungen, sogenannte Stringer, mit der Außenhaut vernietet, dazu brauchten die Stringer einen eigenen Fußteil, hinzu kam das Gewicht der Niete und des nötigen Dichtmittels. Beim Laserschweißen kommt nur noch ein wenig Aluminium-Siliziumdraht zum Einsatz, alles andere fällt weg – wieder zehn Prozent Gewicht gegenüber herkömmlichen Methoden eingespart. „Außerdem schaffen unsere Laserschweiß-Automaten bis zu 14 Meter pro Minute", freut sich Werksleiter Jürgen Nuske, „damit sparen wir auch bei den Produktionskosten zwischen zehn und 17 Prozent gegenüber der alten Methode." Laserschweißen ist

„Orca" nennen die Mitarbeiter scherzhaft einen ihrer Autoklaven in Nordenham, in dem der Werkstoff Glare bei bis zu 175°C in fünf Stunden aushärtet. (Spaeth)

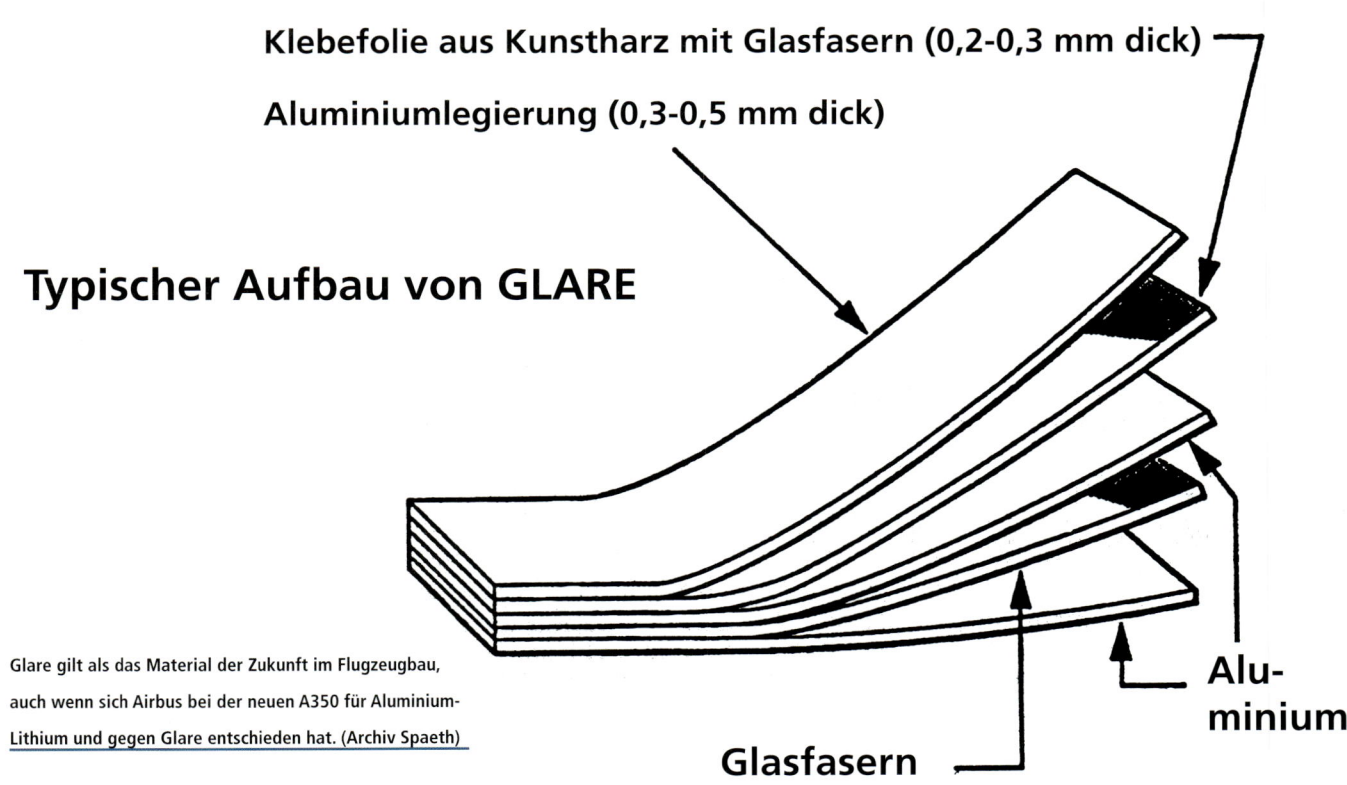

Klebefolie aus Kunstharz mit Glasfasern (0,2-0,3 mm dick)

Aluminiumlegierung (0,3-0,5 mm dick)

Typischer Aufbau von GLARE

Glare gilt als das Material der Zukunft im Flugzeugbau, auch wenn sich Airbus bei der neuen A350 für Aluminium-Lithium und gegen Glare entschieden hat. (Archiv Spaeth)

Glasfasern

Aluminium

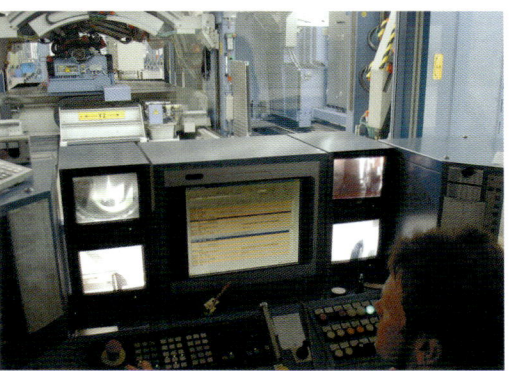

so viel versprechend, dass heute schon die kleine A318 mit einem derart zusammengefügten Panel aus Nordenham fliegt, die A380 erhält künftig acht lasergeschweißte Panels, während eine neue Version der A340-600 mit erhöhtem Startgewicht gleich mit 14 davon ausgestattet wird, was noch einmal 100 Kilogramm Gewicht gegenüber dem heutigen Modell einspart.

Auch in einem anderen norddeutschen Airbus-Werk spielt Gewichtseinsparung eine wichtige Rolle, im Airbus-Kompetenzzentrum für den Leitwerksbau in Stade an der Elbe. Seit 1983 fertigen die Mitarbeiter hier Airbus-Teile aus CFK, zuerst Seitenruder für die A310. CFK, das aus Erdöl gewonnen wird und aus Kohlenstofffasern und Epoxydharz besteht, ist ein hochwertiger, sehr gesuchter und vergleichsweise teurer Werkstoff, der auch in der Autoindustrie sowie im Schiffs- und Schienenfahrzeugbau häufig verwendet wird. „CFK ist 20 Prozent leichter als Aluminium, aber auch um 20 Prozent teurer", erklärt Airbus-Ingenieur Stefan Altenbach. Im Vergleich zu Stahl bringt CFK sogar bis zu 60 Prozent weniger Gewicht auf die Waage und ist auch noch sechsmal fester. „Stahl wird da eingesetzt, wo sehr extreme Kräfte einwirken wie beim Fahrwerk; Aluminium oder Glare dort, wo Druckspannungen auftreten und CFK für große monolithische Teile wie Ruder oder das ganze Leitwerk", sagt Altenbach. „Ideal wäre es, wenn 50 Prozent des A380 aus CFK bestünden, aber es gibt weltweit zuwenig Kapazitäten zur CFK-Fertigung", bedauert der Ingenieur. Auch CFK-Werkstücke werden bei zwölf bar Druck und 180°C Hitze zwölf Stunden im Autoklaven verbacken.

Das Laserschweißen von Längsverstrebungen an die Außenhaut spart Gewicht, da weder Nieten noch Dichtmittel nötig sind. Die Laserschweiß-Automaten in Nordenham schaffen 14 Meter pro Minute. (Spaeth)

Das weitaus eindrucksvollste A380-Teil aus diesem Werkstoff ist das Seitenleitwerk, an dessen schierer Größe auch die Dimensionen des ganzen Flugzeugs sowie die enormen Kräfte deutlich werden, die an dieser exponierten Stelle auf die Flugzeugstruktur einwirken: Mit einer Höhe von 14,08 Metern, einer auf dem Rumpf aufliegenden Länge von 12,85 Metern und einer Fläche von 120 Quadratmetern ist es fünfmal größer als die Heckflossen der kleinen Airbus-Familie vom A319 bis zum A321. Auch die Dicke ist beeindruckend – 1,25 Meter liegen innen zwischen den beiden Außenwänden, doppelt soviel wie beim nächstkleineren Modell A340. In der Stader Werkshalle besteigen die Mitarbeiter einen Fahrstuhl, der sechs Stockwerke nach oben fährt, ehe sie die Spitze des am Boden stehenden Leitwerks erreicht haben. „Wir müssen unsere Leute auf Höhenangst prüfen, bevor sie hier arbeiten dürfen", so Werkschef Dieter Meiners. Außer dem Seitenleitwerk werden in Stade aus CFK auch noch Landeklappen sowie das Druckschott gefertigt, das die Druckkabine für die Passagiere nach hinten abschließt und extreme Belastungen aushalten muss. Weitere CFK-Elemente werden in Frankreich im Werk Nantes hergestellt, vor allem der Flügelkasten, der erstmals bei einem Verkehrsflugzeug aus CFK besteht. Dieses zentrale Teil muss die riesigen Kräfte der Tragflächen-Rumpf-Verbindung aufnehmen und ist dank des neuen Werkstoffs um 1,5 Tonnen leichter als bei herkömmlicher Bauweise selbst mit modernsten Aluminiumlegierungen.

Neben dem gesamten Seitenleitwerk, dem Leitwerkskasten und dem Höhenleitwerk inklusive aller jeweils beweglichen Teile, dem Druckschott und dem Flügelkasten sind auch das vordere Druckschott in der Rumpfnase sowie die Querträger des Kabinenbodens im Oberdeck sowie vertikale Streben im Frachtraum aus CFK hergestellt. Insgesamt aber ist bei Airbus ganz im Gegensatz zu Boeing, wo bei der 787 voll auf CFK gesetzt wird, eine leichte Absetzbewegung von diesem Werkstoff zu beobachten: „Wir werden künftig verstärkt Aluminium-Lithium verwenden, etwa für Außenhäute und Stringer, außerdem gibt es immer bessere Glare-Anwendungen", so Robert Lafontan, Senior Vice President Engineering für die A380, „manche Rumpfteile werden mit Kohlefaser nicht leichter." Für die Tragflächenbeplankungen kommen neue Aluminiumlegierungen zum Einsatz, während die starren Flügelvorderkanten aus dem thermoplastischen Kunststoff Fortron bestehen.

Die Tanks in den Tragflächen und im Höhenleitwerk fassen die riesige Menge von 310.000 Liter Kerosin. Das Fuel Quantity and Management System (FQMS) erreicht durch Umpumpen von Treibstoff während des Fluges eine Schwerpunkt-Optimierung und damit geringeren Luftwiderstand und größere Treibstoffeinsparung. Dieses Verfahren stammt von der Concorde und wurde bei Airbus erstmals im A310 angewandt. Da die Tragflächen in einer Leichtbau-Struktur gefertigt werden, müssen die äußeren Tanks der Tragflügel am Boden leer bleiben. Erst im Flug wird vom FQMS automatisch Kerosin in die Flügelspitzentanks gepumpt, um die Biegebelastung der Tragflächen zu verringern. Die von der Flügelwurzel bis zur Spitze jeweils 36,60 Meter langen Tragflächen ermöglichen dank ihrer Fläche von insgesamt 845 Quadratmetern eine überraschend geringe Landegeschwindigkeit von 260 km/h, 30 km/h weniger als bei der Boeing 747. Allein die Flügelwurzel ist an jeder Rumpfseite 17,70 Meter lang, das sind 3,20 Meter mehr als die gesamte Länge einer Tragfläche der A320. Maximal 18,30 Meter hätte die Länge der Flügelwurzel nach FAA-Bestimmungen höchstens sein dürfen, um die geltenden Regeln für die erlaubten Abstände zwischen zwei Türen einzuhalten. Grund für die enormen Ausmaße der Tragflächen war auch die Vorgabe, die 80 x 80-Meter-Box bei den Gesamtdimensionen einzuhalten – ansonsten hätten die Airbus-Ingenieure lieber die Spannweite erhöht. Im Laufe der Planung wurden bei 25 Windkanal-Testreihen elf verschiedene Hochgeschwindigkeits-Flügelentwürfe getestet und 17 verschiedene Grundformen überprüft. Die Untersuchungen führten schließlich

Die Grundlage des wichtigen Werkstoffs CFK ist Erdöl, das Material besteht aus Kohlenstofffasern und Epoxydharz. Seit 1983 ist bei Airbus das Werk Stade ein Kompetenzzentrum für CFK. (Spaeth)

zu einer Verbesserung des Verhältnisses aus Auftrieb und Widerstand von acht Prozent.

Eine radikale Neuerung ist das Hydrauliksystem der A380, das jetzt einen auf 350 bar (5000 psi – pounds per square inch) erhöhten Druck aufweist, wie er sonst nur bei Militärflugzeugen wie der Boeing F-18 Super Hornet vorkommt. Alle früheren Airbus-Jets arbeiteten mit dem konventionelleren 210 bar (3000 psi) Hydraulikdruck, die Steigerung um 66 Prozent beim A380 war wiederum vor allem eine 1,2 Tonnen Gewicht sparende Maßnahme. Grund dafür sind die dank des höheren Drucks kleineren Rohrleitungen und Komponenten, die außerdem wartungsfreundlicher sind. Etwa ein Kilometer Hydraulikleitungen verlaufen durch das Flugzeug, von denen ein Drittel 350 bar Druck aufweist. Die gesamte Steuerung der A380 erfolgt wie bei der A340 über „Fly-by-Wire". Die Signale der Piloten werden von deren „Sidesticks" über die Bordcomputer elektrisch an die Stellsysteme übermittelt. Im Gegensatz zu bisherigen Airbus-Jets mit drei Hydraulik-Systemen verfügt der Riese über zwei Hochdruck-Hydraulikkreisläufe und zusätzlich über zwei elektrische

Systeme. Damit gibt es vier voneinander unabhängig ar-
beitende Systeme, von denen sich die A380 mit jedem
steuern lässt. Die Doppelarchitektur der Flugkontrollsyste-
me mit vier unabhängig betriebenen primären Flugsteue-
rungssystemen ist neu: Zwei Systeme nutzen Hochdruck-
Hydraulikkreisläufe für die normale Steuerung, die beiden
weiteren werden nur bei Bedarf aktiv und bewegen mit
elektrohydraulischen Stellantrieben die Steuerflächen.

Das 120 Quadratmeter große Seitenleitwerk gehört zu den
eindrucksvollsten Bauteilen der A380. Es wird in Stade
vollständig aus CFK gefertigt und selbst der Innendurch-
messer beträgt noch 1,25 Meter. (Spaeth)

Das mit 4,40 Quadratmeter geräumige Cockpit der
A380 (die 747 bietet nur 3,90 Quadratmeter) befindet
sich drei Treppenstufen oberhalb des Hauptdecks auf einer Art Zwischenetage, womit die beiden Piloten niedriger sitzen als ihre Kollegen in der Boeing 747. Dafür haben sie den Vorteil eines kleineren „toten Winkels", der
bei der A380 einen Bereich von genau 19,80 Meter vor
der Rumpfnase umfasst, während die Jumbo-Piloten eine
Fläche von 26 Metern vor ihrem Flugzeug nicht einsehen
können. Jedem Betrachter dürfte schon bei einem flüchtigen Blick auffallen, dass es sich um ein Airbus-Cockpit
handelt, die Parallelen zu den anderen Typen aus Toulouse sind unübersehbar und beabsichtigt. Innerhalb von nur
elf bis 13 Tagen nämlich soll etwa ein A340-Pilot auf die
A380 umschulen können. Diese Kompatibilität der Cockpits aller Airbus-Varianten untereinander ist ein wichtiges
Verkaufsargument des Herstellers. „Obwohl alles so bekannt aussieht, hat sich einiges getan und im Grunde ist
nicht ein Teil oder System so wie in den Vorgängermodel-
len", urteilt die deutsche Piloten-Vereinigung Cockpit

Zur Gewichtseinsparung sind die Querverstrebungen des
Oberdecks aus CFK gefertigt – gut erkennbar an der dunk-
len Farbe. (Airbus)

über den neuen Arbeitsplatz, an dessen Gestaltung ihre
Arbeitsgruppe intensiv mitgewirkt hat.

Im A380-Cockpit gibt es sieben rechteckige LCD-Bild-
schirme neuester Generation im Format 15 x 20 cm, de-

Oben: Die mit 845 Quadratmetern riesige Flügelfläche der A380 ist bereits auf die Erfordernisse einer gestreckten Version ausgelegt. Die beiden Triebwerke hängen relativ weit außen am Flügel. (Spaeth)

Unten: Das Cockpit der A380 wurde bewusst in enger Verwandtschaft zu den Pilotenkanzeln der anderen Airbus-Flugzeuge ausgelegt, sodass Piloten schnell und simpel umgeschult werden können. (Airbus)

Das sechsrädrige Fahrwerk findet sich auf beiden Seiten unter dem Rumpf. Die hintere von drei Achsen kann jeweils gelenkt werden, was der A380 einen kleineren Wendekreis als der A340-600 beschert. (Spaeth)

ren Anzeigefläche um fast 60 Prozent größer ist als bisher üblich. Auf der Unterseite des Navigationsdisplays wird erstmals ein vertikales Geländeprofil des überflogenen Terrains dargestellt, was die Gefahr von kontrollierten Flügen in den Boden (CFIT) verringern soll. Ähnlich wie beim A340-600 lassen sich auf dem Navigationsbildschirm auch die Bilder zweier Fernsehkameras anzeigen, die oben im Seitenleitwerk und am Bugfahrwerk angebracht sind und Bilder der Umgebung liefern, um so das sichere Rollen zu erleichtern. Auf der Mittelkonsole fällt eine Neuerung auf – die Interaktion der Piloten mit dem Flugdatensystem (FMS) hat Airbus komplett verändert. Über zwei neue Handauflagen mit Computer-Trackballs kann die Cockpit-Besatzung kleine Mauszeiger (Cursor) auf drei interaktiven Bildschirmen dirigieren, um so neue Daten ins FMS einzugeben. Der Trend zum papierfreien Cockpit zeigt sich auch in der A380, je ein großer Bildschirm direkt vor dem Sidestick auf jeder Seite zeigt Streckenkarten des Luftraums und Rollkarten der Flughäfen für die Navigation am Boden an. Nichts geändert hat sich daran, dass wie bei allen modernen Airbus-Cockpits die Steuerbefehle der Piloten nur innerhalb des zugelassenen „Flight Envelopes" ausgeführt werden und damit ein Überschreiten der Belastungsgrenzen oder das Erreichen eines Strömungsabrisses (Stall) nicht möglich ist. Diese einzuprogrammierenden Grenzen zu ermitteln und festzulegen ist eine der wichtigsten Missionen des umfangreichen Flugtestprogramms vor der Verkehrszulassung.

Bei einem Flugzeug mit bis zu 560 Tonnen maximalem Startgewicht ist naturgemäß die Auslegung der Fahrwerke von besonderer Bedeutung. Jürgen Thomas erinnert sich an den langwierigen Designprozess: „Am Fahrwerk haben bei Airbus UK in Filton zwei konkurrierende Teams der Zuliefe-

Ein Hauptfahrwerksgestell mit jeweils vier Rädern ist unter jeder Tragfläche angebracht. Airbus hat sich beim A380-Hauptfahrwerk für die Radanordnung 4-6-6-4 entschieden. (Spaeth)

rer Messier-Dowty und von BFGoodrich gearbeitet und wir hatten noch Russen dabei, die damit große Erfahrung hatten. Mindestens zwei bis drei Jahre wurde daran konstruiert. Sollte man eine 6-4-6- oder eine 4-6-6-4-Radanordnung wählen und wie sollte man die anordnen, das war die Frage", so der „Vater der A380". Man entschied sich für ein Räderpaar am Bug und 20 Räder am Hauptfahrwerk, das Goodrich herstellt: Zwei Fahrgestelle mit je sechs Rädern unter dem Rumpf, wovon die hinteren beiden Räder jeweils steuerbar sind und für kleinere Wendekreise sorgen als etwa bei der A340-600. Die A380 benötigt für eine Wende um 180 Grad nur 56,60 Meter Bahnbreite, kann also auf einer üblicherweise 60 Meter breiten Standard-Runway umdrehen. Dazu kommen zwei weitere Gestelle mit je vier Rädern unter dem Flügelansatz. Jedes Gestell ist in der Lage, etwa 167 Tonnen Gewicht zu tragen. Für spätere, bis zu

Rolls-Royce hat das dreiwellige Trent 900-Triebwerk exklusiv für die A380 entwickelt. Es wurde bereits 2003 auf einem Prüfstand auf Maximalleistung hochgefahren.
(Rolls-Royce)

Im Mai 2004 absolvierte das Trent 900 seinen Erstflug im A340-300-Werksflugzeug von Airbus – hier Techniker bei den Vorbereitungen. (Rolls-Royce)

600 Tonnen maximales Startgewicht bietende A380-Versionen ist sogar ein fünftes Fahrwerkbein mit zwei weiteren Rädern unter dem Rumpfmittelteil vorgesehen. Jeweils fünf Meter hoch ragen die mächtigen Fahrwerksbeine vom Boden aus auf. Gerade beim Fahrwerk stellte sich sehr bald die Gewichtsfrage: Aus herkömmlichem Stahl gefertigt hätte das ganze Arrangement des Hauptfahrwerks rund 27 Tonnen gewogen. Man entschied sich deshalb für den intensiven Einsatz von Titan – die Fahrwerksbeine werden aus einem Stück Titan herausgefräst. Auch beim Gewicht der Räder ließen sich nochmals 25 Prozent Gewicht einsparen durch die Nutzung von Metall-Matrix-Komposit-Material. Die Belastungen, die die Räder und Aufhängungen auszuhalten haben, sind extrem: Aus einer Aufsetzgeschwindigkeit von 322 km/h soll das bei Landungen noch bis zu 386 Tonnen schwere Flugzeug innerhalb von nur 32 Sekunden zum Stillstand kommen.

Bei den Triebwerken ging Airbus Mitte 1994 noch davon aus, dass das damals mit 480 Tonnen maximalem Startgewicht geplante Flugzeug von simplen Weiterentwicklungen bestehender Turbinen angetrieben würde.

Dann wurde die A3XX immer größer und schwerer und die Hersteller bereiteten sich auf die Einführung der Boeing 747-500X und -600X vor, für die etwa Rolls-Royce das Trent 900 plante. Die Neuentwicklung sollte das Trent 800 der Boeing 777 mit Elementen des Trent 500 der Airbus-Typen A340-500/-600 kombinieren. Als das Boeing-Projekt scheiterte und der A3XX zunehmend die heutige Gestalt annahm, entschied sich Rolls-Royce, das dreiwellige Trent 900 exklusiv für den Airbus-Riesen zu liefern. Das Trent 900 hatte in der Entwicklung einen deutlichen Zeitvorsprung und lieferte schon 2003 auf einem Prüfstand einen Maximalschub von 88.000 Pfund (lbs), was

förmigen Fan-Blätter aus Titan sind innen hohl und saugen pro Sekunde 1,25 Tonnen Luft an, die, wenn sie das Triebwerk wieder verlassen, auf fast 1600 km/h beschleunigt wurden. Trotz des stärkeren Schubs und ihrem höherem Gewicht muss die A380 leiser sein als die Boeing 747 und weniger Kerosin verbrauchen. Auf hundert Kilometer schluckt die A380 pro Passagier etwa 3,3 Liter, andere Quellen sprechen sogar von weniger als drei Litern – Werte, die selbst modernste, sparsame Autos kaum erreichen. Die großen Tragflächen ermöglichen schnellere Starts und langsamere Landungen und sorgen damit für weniger Lärm am Boden, der weit unter den internationalen Grenzwerten wie Chapter 3 bleibt und teilweise noch die inoffizielle Kategorie 4 unterschreitet. Spät in der A380-Entwicklung wurde nochmals verstärktes Augenmerk auf Lärmvermeidung gelegt, als es galt, den Wünschen von Singapore Airlines nachzukommen und die verschärften Auflagen in London-Heathrow zu erfüllen und damit Nachtflüge zu ermöglichen. Erreicht wurde dies zum einen durch absenkbare Vorflügel, die die Aerodynamik verbessern, zum anderen durch eine Vergrößerung des Triebwerksdurchmessers auf 2,95 Meter und damit eine Erhöhung des Nebenstromverhältnisses auf 1:8,15 (Trent 900) bzw 1:8,7 (GP7200).

Rolls-Royce lieferte das erste Trent 900 im Februar 2004 aus und es absolvierte seinen Premierenflug unter dem Flügel eines A340-300-Werksflugzeugs im Mai 2004, die Zulassung erfolgte im November 2004. Das Trent 900, pro Stück 15 Millionen Dollar teuer, ist auf 70.000 lbs (312 kN) Schub für die Passagierversion ausgelegt und auf 76.500 lbs (340 kN) im modifizierten Trent 977 für die schwerere Frachtversion des A380. Für spätere Anwendungen etwa in der gestreckten A380-900 kann die Schubkraft auf 80.000 lbs (356 kN) gesteigert werden. Für das Trent 900 haben sich bisher fünf Airlines entschieden – SIA, Qantas, Virgin, Lufthansa und Malaysia Airlines. Im Dezember 2004 flog auch das GP7200 zum ersten Mal am Testflugzeug von GE, einer Boeing 747-200; seine Zulassung soll noch 2005 erfolgen. Das pro Stück mit elf Millionen Dollar günstigere GP7200 ist zunächst für 70.000 lbs (312 kN) Schub zertifiziert, an der Frachtversion als GP7277 für 76.500 lbs (340 kN), eine Schubsteigerung auf maximal 82.000 lbs (365 kN) ist vorgesehen. Für das GP7200 haben sich bisher Air France, Emirates, FedEx und ILFC entschieden. Um den Wartungsaufwand zu halbieren wird die A380 nur auf den beiden jeweils innen liegenden Triebwerken über ein Schubumkehrsystem verfügen. Damit ist auch gewährleistet, dass sie zunächst auf nur 45 Meter breiten Start- und Landebahnen operieren kann, die nicht über die insgesamt 60 Meter breite Freifläche verfügen, um die Ansaugung von Fremdkörpern zu verhindern. Das Rollen am Boden ist mit nur zwei laufenden Triebwerken möglich, um Lärm zu vermeiden und Kerosin zu sparen.

392 kN entspricht. Bereits im Februar 1996 hatten sich aus Kostengründen die beiden ansonsten konkurrierenden Hersteller Pratt & Whitney und General Electric in einer Engine Alliance genannten 50:50-Partnerschaft zusammengefunden, um ebenfalls für die neuen Boeing 747-Varianten gedachte Turbinen zu liefern. Beide Seiten wollten für den neuen, GP7200 genannten, zweiwelligen Turbofan die Niederdrucktechnologie des PW4000 mit der Hochdrucktechnologie aus dem erfolgreichen GE90 kombinieren.

Die Anforderungen an den Antrieb der A380 sind enorm, sie müssen insgesamt 280.000 lbs (1250 kN) Schub liefern – mehr als jedes andere kommerzielle Flugzeug zuvor und 100.000 lbs mehr als die Boeing 747 beim Erstflug 1969 benötigte. Unter Hochleistung rotieren die Spitzen der Triebwerksschaufeln mit anderthalbfacher Schallgeschwindigkeit. Die mit rund 32 cm auffallend breiten und sichel-

6. Das Raumwunder bei der Arbeit

Die A380-Kabine bietet soviel Platz wie kein anderes Flugzeug. Das bedeutet aber nicht unbedingt Luxus für alle – die Airlines müssen damit vor allem Geld verdienen.

Die Passagierdecks in einem Verkehrsflugzeug gehören zu den wertvollsten Nutzflächen auf dieser Welt. Bei Boeing hat man ausgerechnet, dass in einem Geschäftsreisehotel etwa 20 Euro pro Quadratmeter Zimmerfläche pro Tag an Umsatz erwirtschaftet werden müssen, um die Fläche rentabel zu nutzen, bei einem Fünf-Sterne-Hotel mit größeren Zimmern und höheren Preisen sind es immer noch 15 Euro je Quadratmeter. Bei einem Sitz in der Economy Class eines Flugzeugs, den dazugehörigen Anteil an Bordküche und Toiletten mitgerechnet, beträgt dieser Wert hingegen unglaubliche 1100 Euro! Je Flug muss nach dieser Berechnung ein Quadratmeter Econo-

Super-Luxus für Super-Reiche. Lufthansa Technik in Hamburg will künftig A380 in „VVIP"-Ausstattung umrüsten – so könnte das fliegende Luftschloss aussehen, inklusive Sauna und drei Schlafzimmern im Oberdeck. (Lufthansa Technik)

my Class für den Flugzeugbetreiber 550 Euro erwirtschaften, in der Business Class sogar 600 Euro. Diese Zahlen mögen erklären, was für ein höchst kostbares Gut das riesige Platzangebot darstellt, das die A380 ihren Kunden bietet. Dabei handelt es sich beim Airbus-Riesen von den Dimensionen her um eine Boeing 747, die obendrauf noch die Kabine einer A330 oder A340 mitschleppt. Im Vergleich zu Boeings Jumbo (Kabinenfläche 332 Quadratmeter) ist der nutzbaren Boden im A380 um 50 Prozent größer und umfasst insgesamt 511 Quadratmeter in beiden Decks, die maximale Sitzzahl allerdings beträgt nur 35 Prozent mehr als jene in der 747.

In den Anfangstagen der A3XX allerdings berauschten sich die Marketingstrategen in Toulouse ein wenig zu stark an ihrem fliegenden Raumwunder und versprachen öffentlich Einrichtungen an Bord wie Sitzungsräume für Geschäftsbesprechungen, Breitwand-Kino, Restaurants und Duty Free Shops. Sobald allerdings ernsthafte Verhandlungen mit potenziellen Kunden geführt wurden, war schnell

So bequem geht es in der Lounge des A380 in „VVIP"-Ausstattung im Oberdeck zu, hinter der komfortablen Einrichtung verbirgt sich jede Menge High-Tech wie etwa drahtloser Internet-Zugang. (Lufthansa Technik)

klar, dass dies überwiegend Luftschlösser waren. „Airbus hat damals Ideen vorgestellt und damit Erwartungen geweckt, die man in der Realität nicht halten kann", so Burkhard Wigger, früherer Projektleiter bei Lufthansa für die Einführung der A380. Tatsache ist aber auch, dass seit den glorreichen Zeiten der großen und luxuriösen Flugboote in den 1930er-Jahren Flugzeuge nie wieder rund um den Passagierkomfort entwickelt wurden, sondern immer nur auf

Luxus pur im Oberdeck der A380 für superreiche Privatkunden: Neben drei Schlafzimmern und großzügigen Repräsentationsräumen gibt es auch Sauna und Fitnesscenter. (Lufthansa Technik)

Beim „Reveal" der A380 versammelten sich am
18. Januar 2005 die Chefs aller bis dahin als A380-
Kunden aufgetretenen Fluggesellschaften
in Toulouse. (Spaeth)

Die überraschendste Bestellung für die A380 kam während
des Aérosalons in Le Bourget im Juni 2005 – die indische
Kingfisher Airlines, erst im Mai 2005 gestartet, orderte für
2010 fünf Stück. (Spaeth)

Effizienz ausgelegt waren. Reisezeiten von 20 Stunden an
Bord galten damals als normal und die privilegierten Passagiere schwelgten dabei im Luxus von Schlafkabinen, üppigen Menüs an weiß gedeckten Tischen und bequemen Sa-
lons als Aufenthaltsräumen. Heute sind Nonstop-Flüge beinahe so lang wie damals wieder möglich, etwa mit dem
Airbus A340-500 oder der Boeing 777-200LR, die auch fast
20 Stunden in der Luft bleiben können. „Vielleicht stehen
wir vor einer neuen Revolution im Luftverkehr, wo wir möglicherweise die Rückkehr des Passagierkomforts der alten
Schule sehen werden", prophezeit Eric Kaduce, leitender Ingenieur bei Boeing für die 747-Weiterentwicklung.

Bei der Entwicklung der A380 spielte der Passagierkomfort von vornherein eine große Rolle. Noch nie in der Geschichte eines Verkehrsflugzeugs konnten so frühzeitig so
viele Passagiere ihre Meinungen und Anregungen einbrin-
gen wie bei dem Airbus-Projekt. Bereits 1998 wurden ver-
schiedenste Treppenformen auch in praktischen Tests mit
Probanden untersucht, um die nutzerfreundlichste Variante

zu finden. Zwischen April und Juli 1998 fand die bis dahin
einmalige Befragung von 1200 Vielfliegern aller Klassen
statt, in der sie zunächst abstrakt ihre Wünsche und Vorstellungen von einer Kabine der Zukunft zu Papier bringen
sollten, später dann mit Pappe, Stoff und Aluminiumfolie
Modelle von Sitz und Sitzumgebung in Originalgröße an-
fertigten. Unterstützung fand Airbus dazu bei fünf Fluggesellschaften, darunter dem frühen Kunden Singapore Airlines, die in acht Städten auf drei Kontinenten das Fluggast-
Feedback einholten. Im August und September 2002 etwa
lud SIA später jeweils 20 regelmäßige Fluggäste in London,
New York und Singapur zu einem Wochenend-Konklave in

große Hotels ein, insgesamt 2000 Stunden Passagier-Interviews wurden während des aufwändigen Verfahrens im Laufe von drei Jahren geführt.

Anschließend machten sich Airbus-Ingenieure daran auszuwerten, welche Anregungen realistisch und umsetzbar waren. Ein Airbus-Team unternahm mit einem sogenannten Cabin Research Mock-up eine geheime Tournee durch Weltstädte wie Tokio, Hongkong und Singapur. Das Modell eines dort gezeigten Kabinensegments bestand aus beweglichen Wänden, Sitzen und Treppen und diente als Diskussionsgrundlage bei der Passagierbefragung. Ein wesentliches Ergebnis: Das geplante Oberdeck kam nicht gut an. Also wurde der obere Boden um fünf Zentimeter tiefer angebracht, um Raumgefühl und Blick aus den Fenstern zu verbessern. Aus drei verschiedenen Rundungen der Wände wurde die beliebteste ausgewählt. „Die Wahrnehmung des Oberdecks war nicht die Beste, also haben wir die Form des Innenraums geändert, das war reine Psychologie", sagt Robert Lafontan, einer der leitenden Ingenieure.

Insgesamt ist die A380-Kabine im Hauptdeck 48 Zentimeter breiter als die der Boeing 747, im Oberdeck beträgt die Differenz zugunsten des Airbus sogar satte 1,85 Meter. Airbus argumentiert daher in allen Verkaufskampagnen, dass der Komfort in jeder Klasse besser sei

als beim Boeing-Vorgänger und selbst bei einer Bestuhlung mit zehn Plätzen pro Reihe in der Economy Class jeder Sitz ein Inch bzw. Zoll (2,54 cm) breiter. Im hinteren Teil des Haupt- und Oberdecks etwa, im Bereich der geschwungenen Treppe zwischen beiden Ebenen, lassen sich keine Sitze unterbringen. Daher ist davon auszugehen, dass hier auch Economy-Passagieren Bereiche zur Verfügung stehen werden, wo sie sich alternativ zu ihrem Sitzplatz während des Fluges aufhalten können. In einer reinen Economy Class-Charterversion könnte die A380 bis zu 853 Passagiere bei einem sehr engen Sitzabstand von 76,2 cm aufnehmen – wenn die für Ende 2005 geplanten Evakuierungstests erfolgreich ablaufen. Airbus selbst rechnet aber damit, dass selbst in einer (bisher nicht georderten) japanischen Inlandsversion die A380 mit nicht mehr als 780 Plätzen ausgerüstet sein würde – bisher fliegen auf innerjapanischen Routen bei All Nippon Airways Boeing 747-400-Jets mit bis zu 569 Sitzen. Die meisten A380-Kunden werden die Economy Class auf dem Hauptdeck einrichten und Business sowie First Class auf dem Oberdeck, das auf den meisten Flughäfen auch über einen separaten Zugang mit einer dritten Fluggastbrücke verfügen wird, die zur vorderen linken Tür des Oberdecks führen soll.

Seit dem Jahr 2000 verdeutlicht Airbus in einer Halle in Toulouse die wahren Dimensionen der A380 mit einer Kabinennachbildung in Originalgröße. Innen allerdings war sie lange weitgehend leer. (Spaeth)

Größtmögliche Individualität und Privatsphäre für Fluggäste der Ersten Klasse in der A380 bietet das Kabinenkonzept „Abteil" einer Hamburger Gestaltungsfirma. (npk industrial design)

Eine Mischung aus Abgeschiedenheit und Gemeinsamkeit in der First Class-Kabine will das Konzept „Lodge" den A380-Kunden vorschlagen. (npk industrial design)

Vor allem den Passagieren am Fenster des Hauptdecks dürfte auffallen, dass die Fenster zum einen größer sind als bisher gewohnt und zum anderen nicht senkrecht stehen, sondern leicht nach außen gerichtet sind. Dies ist einfach zu erklären – sie liegen noch unterhalb der Mittellinie des Rumpf-Ovals. Die Wände im Hauptdeck dagegen stehen beinahe senkrecht, ein Röhren-Gefühl kommt also nicht auf. Im Oberdeck griff man wegen der Wandkrümmung auf eine vom 747-Oberdeck bekannte Einrichtung zurück – zwischen Sitz und Wand befindet sich am Boden ein Staukasten, bei Passagieren zur Ablage von Handgepäck und anderen Dingen beliebt – und bei ausreichend Sitzabstand auch zum Hochlegen der

Das Miteinander der Passagiere wie in einer Lounge steht im Mittelpunkt des Entwurfs „Club" für die A380-First-Kabine. Bequeme Sofas mit Fußstützen sorgen für Entspannung. (npk industrial design)

So könnte die Business Class mit sogenannten Lie Flat-Sitzen im Oberdeck einer A380 aussehen. (Spaeth)

Die Fensterplätze im A380-Oberdeck sind angenehm weit von der Scheibe entfernt, ein Staufach zwischen Armlehne und Fenster bietet zusätzlichen Raum für Handgepäck. (Spaeth)

Füße geeignet. Auf dem Oberdeck liegt die Standard-Bestuhlung bei vier Sitzen pro Reihe in der First Class (Anordnung 1-2-1), bei sechs pro Reihe in der Business Class (2-2-2) und bei acht in der Economy Class (2-4-2). Im Hauptdeck sieht Airbus zehn Plätze in jeder Reihe in der Economy Class (3-4-3), sieben in Business (2-3-2) und sechs in First (2-2-2) vor.

Seit Mitte 2000 bekam die A380-Kabine erstmals ein Gesicht, das seitdem immer wieder und bis heute unverändert in den Zeitungen gedruckt wird, obwohl es mit dem, was die Airlines tatsächlich an Bord nehmen werden, sehr wenig zu tun haben wird. Damals stellte Airbus in Toulouse ein Kabinenmodell (Mock-Up) aus Holz in Originalgröße auf, um Kunden und Interessen-

ten die Dimensionen des Riesen vor Augen zu führen. Vorn beim Einsteigen gelangt der Gast zu einer großzügigen Bar unter der Treppe ins Oberdeck, eine Bibliothek und eine Dusche runden den luxuriösen Eindruck ab, während die Komfort-Sitze heute bereits veraltet sind. Auf dem Oberdeck zeigt Airbus, wie man sich im Jahr 2000 eine First Class der Zukunft vorstellte – mit viel Platz und Sofas, aber wenig Privatsphäre. Dann öffnet sich eine Tür aus Pressholz und man steht in einem leeren Raum von der Größe einer Turnhalle – hier wäre im richtigen Flugzeug die Economy-Kabine.

Hinten dann wieder ein kühner Entwurf – eine für Economy-Gäste gedachte Bar, die mit minimalistischer Einrichtung, Bänken aus Holzimitat (echtes Holz wäre nicht

Eine mögliche Aufteilung der A380-Kabinen sieht die Business Class mit einer Barzone im Hauptteil des Oberdecks vor, während die First Class sich im vorderen Teil des Hauptdecks befindet. (Airbus)

Eine Kasseler Design-Firma stellt sich so eine 28 Quadratmeter große Bar im Hauptdeck der A380 vor, die von First- und Business Class-Gästen gemeinsam genutzt werden soll. (Trondesign)

48 Economy-Sitze auf dem Hauptdeck müssten für diesen Bar-Entwurf geopfert werden. Beachtlich die senkrechten Wände und Fenster – ein Gefühl von Röhre kommt im A380 nicht auf. (Trondesign)

feuerfest) und Leder, Glas und Deckenprojektion eher an eine Lounge erinnert. „Die Bänke, die wir da eingebaut haben, sind bewusst nicht so komfortabel wie die Sitze in der Kabine, damit die Passagiere auch einen Anreiz haben, an ihren Platz zurückzukehren. Wir wollen ihnen aber auch eine Gelegenheit zum Aufstehen und Herumlaufen geben und so die Langeweile an Bord unterbrechen", erklärt Alexandra Schaar vom Münchener Designstudio Egg and Dart, das für die Einrichtung in Toulouse zuständig war. Zwischen beiden Decks begleitet ein Miniatur-Wasserfall entlang der Treppe den Passagier nach unten, wo im hinteren Teil des Hauptdecks eine kühl gestylte Boutique auf Kundschaft wartet.

Die Kasseler Firma Trondesign hat sich mit dem Konzept einer Bar für das Hauptdeck der A380 beschäftigt, in der sich die Gäste der Premium-Klassen treffen sollen. Das Konzept wirkt wesentlich schlichter als die heute im Mock-Up präsentierte Bar, daher aber auch realistischer. Auf insgesamt 28 Quadratmetern können die Passagiere auf Hockern an einem Tresen sitzen oder auf Stühlen und Bänken an Tischen, 48 Economy-Sitze müssten dafür geopfert werden, aber die Kasseler Designer sind sich sicher, dass sich dies für die Airlines trotzdem rechnen kann. „Wir arbeiten eng mit Airbus zusammen und sind wegen unserer Ideen auch mit einer Reihe von Carriern in Kontakt, darunter der Lufthansa", so Designer Andreas Kraechter. Auch die Hamburger Designfirma npk beschäftigt sich intensiv mit den Möglichkeiten, die die A380 für die First Class bietet. Auf den teuersten Plätzen sind die größten Innovationen zu erwarten, und npk schlägt verschiedene Konzepte vor. Eins davon ist eine Abwendung von der herkömmlichen Sitzanordnung und die Einführung einer Art Lounge statt der üblichen Kabine, wo in der A380

auch bequeme Sofas als Sitze zur Verfügung stehen sollen. „In den Premiumklassen müssen die Fluggesellschaften jetzt etwas anbieten, das ein wirklicher Bruch mit allem ist, was in den letzten 30 Jahren gemacht wurde, die Passagiere verlangen heute mehr", sagt Richard Carcaillet, Direktor für das A380-Produktmarketing bei Airbus. Aber alles andere ist ein großes Geheimnis. „Wir haben sehr strikte Geheimhaltungs-Abkommen mit den Airlines unterschrieben, die wissen auch untereinander nicht, was die Konkurrenz macht", sagt Carcaillet, „das ist ein sehr wichtiges Marketing-Instrument für die Gesellschaften, da werden wir einige sehr interessante Dinge sehen."

Mitte 2005 gab es folgende Erkenntnisse über die Pläne der A380-Kunden: **Singapore Airlines** wird als erste Fluggesellschaft der Welt ab Anfang 2007 die ersten von

zehn bestellten A380 auf den Strecken von Singapur nach London und Sydney einsetzen. „Als Launch Custo-mer der A380 werden wir neue Standards für Premium-Flugreisen setzen und die Romantik des Reisens zurück-bringen", erklärt SIA-Chef Chew Choon Seng. „Wir wer-den die A380 mit weniger als 480 Sitzen einsetzen", so Chew, „die Passagiere müssen auf langen Flügen ermu-tigt werden herumzulaufen." Enthüllt werden soll das Produkt Anfang 2006, lange bevor die meisten anderen A380-Betreiber ihr Konzept präsentieren werden. „Nur wenige Airlines werden sich leisten können Bowling-Bah-

oben links: So stellt sich Airbus in der Kabinen-Nachbil-dung von 2000 eine Bar an Bord der A380 für First Class-Passagiere vor. (Spaeth)

oben rechts: Diese Lounge für Economy-Gäste im hinteren Teil des Oberdecks zeigt Airbus im Kabinennachbau in Tou-louse. Sie ist bewusst nicht sehr bequem gestaltet, um die Gäste zur Rückkehr in die Kabine zu animieren. (Spaeth)

Singapore Airlines wird Ende 2006 als erste Gesellschaft eine A380 erhalten und sie ab 2007 nach Sydney und Lon-don einsetzen. (Airbus/SIA)

Schon anderthalb Jahre vor der Auslieferung erhält die erste für SIA vorgesehene A380 mit der Werksnummer 007 in Toulouse ihr Leitwerk in den Farben des südostasiatischen Erstkunden. (SIA)

nen in die A380 einzubauen, selbst wenn es von den ingenieurtechnischen Herausforderungen und den Sicherheitsaspekten her möglich wäre", so Chew, „das sind alles schöne Sachen, aber die generieren eben keinen Umsatz." Schließlich sei die A380 kein billiges Flugzeug: „Wir werden mehr Leute brauchen um es zu betreiben und es wird teurer sein im Flugbetrieb, also macht es nur Sinn, wenn wir das Flugzeug mit Leuten füllen können, die für ihre Reise bezahlen", so der SIA-Chef.

Im Oktober 2006 sollte **Emirates** als größter Kunde ihr erstes Flugzeug erhalten, nun wird es vermutlich Sommer 2007. Zunächst soll es einen Monat zu Testzwecken ausschließlich mit Mitarbeitern um die Welt fliegen. Als eine der ersten Strecken ist dann von Dubai aus die Bedienung von London-Heathrow geplant. Emirates wird ihre insgesamt 45 bestellten A380 (darunter zwei von ILFC geleaste sowie zwei Frachter) in drei verschiedenen Passagier-Kon-

Emirates ist mit Abstand der größte Kunde für die A380, insgesamt 45 Exemplare werden die Araber unter ihrem Chef Tim Clark (kleines Foto) betreiben, zwei davon sind bei ILFC geleast. (Airbus, Spaeth)

Heute bereits bietet Emirates in der A340-500 auf Ultralangstrecken etwa zwischen Dubai und Sydney den ultimativen Luxus – private Schlafkabinen in der First Class. (Emirates)

figurationen betreiben, abgestimmt auf unterschiedliche Märkte: Eine Zwei-Klassen-Version für kürzere Strecken (etwa nach Indien) wird 644 Fluggäste aufnehmen können und nicht über Ruheräume für die Besatzung verfügen. Eine zweite Variante soll 517 Passagiere in drei Klassen befördern, ebenfalls ohne Crew Rest. Solche Ruheeinrichtungen sind nur auf der A380 für 489 Passagiere in drei Klassen vorgesehen, die bis zu 14 Stunden lange Strecken nonstop bewältigen soll, und zwar zwischen den beiden hintersten Türen auf dem Hauptdeck. „Das wird ein einzigartiges Flugzeug sein, schon durch seine Größe ist es revolutionär", schwärmt Sheikh Ahmed bin Saeed Al-Maktoum, Chairman von Emirates. Der Chef der Fluggesellschaft, Tim Clark, wird ein wenig konkreter: „Wir wollen etwas Glamour in die Premium-Klassen auf Langstrecken zurückbringen, wir werden jede Menge sehr besondere, glamouröse und fortschrittliche Dinge an Bord haben." Emirates hat bereits die Richtung vorgezeichnet, in die auch das Luxus-Produkt in der A380 gehen wird: Auf ihren Ultra-Langstreckenflügen mit der A340-500 etwa nach Sydney bietet Emirates heute schon eine bisher unerreicht luxuriöse First Class mit eigener Kabine inklusive Schiebetür. „Im Vergleich dazu wird unsere First Class im A380 noch mal um 50 Prozent verbessert sein", verspricht Tim Clark, enthüllt werden sollen die Geheimnisse im August 2006. Sheikh Ahmed ergänzt: „Duschen, Lounges und Bars werden an Bord sein."

Gleichzeitig äußert Clark klare Wünsche an Airbus: „Wir hätten am liebsten zuerst die größere Variante A380-900 gehabt und wollen unbedingt künftig die gestreckte Ver-

Die Emirates-Kabine verfügt über Schiebetüren. Die Ausstattung der First Class in der A380 soll noch „50 Prozent luxuriöser werden", verspricht die Airline. (Emirates)

sion mit 200 Plätzen mehr als heute in dreiklassigen Kabinen betreiben, also knapp 700 Passagiere befördern", so Clark. In der Zweiklassen-Auslegung sollen in der 7,10 Meter längeren A380-900 sogar 840 Fluggäste Platz finden. Offenbar war Emirates kein leichter Kunde für Airbus: „Es war sehr schwierig, die Akzeptanz von Airbus für Dinge zu gewinnen, die wir in die Kabine einbauen wollten, wir mussten sogar eigens ein hölzernes Mock-Up bauen, um sie zu überzeugen", verrät Clark. Schließ-

lich hätten die Flugzeugbauer den Mehrwert der gewünschten Innovationen für ihr Produkt erkannt. „Heute ist Airbus glücklich Dinge verkaufen zu können, die wir durchgesetzt haben – etwa die Anwendung der Wireless-Technologie. Viele der Bedienungselemente in unserer First und Business Class werden künftig drahtlos funktionieren", so Clark. Nicht zufrieden war Emirates lange mit dem Volumen der Frachträume der A380. „Airbus hat

Die australische Qantas gehörte – für Airbus überraschend – mit zu den A380-Erstkunden, nachdem das Flugzeug transpazifik-tauglich gemacht wurde. (Airbus)

Malaysia Airlines will ihre sechs A380 ab 2007 vor allem nach Europa einsetzen, nach London-Heathrow und möglicherweise auch Frankfurt. (Airbus)

genügend Struktur geschaffen, aber nicht genügend Frachtvolumen gemessen an der Boeing 777-300", kritisiert Clark. Nur sechs Standardcontainer hätten zunächst in den vorderen Unterflur-Frachtraum gepasst gegenüber acht in der Boeing 777-300. Nachdem Emirates eine Veränderung der Rumpfnase anregte, passen nun sieben Container hinein. „Die A380 hat mit 550 Passagieren aber immer noch weniger Frachtraumvolumen als die

sentationen sowie größere Bildschirme an allen Sitzen. Im Laufe des Jahres 2007 will **Malaysia Airlines** die erste von sechs bestellten A380 auf den Rennstrecken zwischen Kuala Lumpur und London-Heathrow sowie möglicherweise Frankfurt in Dienst stellen.

Vermutlich im Herbst 2007 ist der Lieferbeginn für insgesamt zehn A380 an den ersten europäischen Kunden **Air France** geplant, die damit ihre lange Tradition von

Boeing 777-300 mit 350 Passagieren", so Clark, „diese Restriktion kann die Wirtschaftlichkeit beeinträchtigen."

Etwa im Frühsommer 2007 erwartet nun die australische **Qantas** ihre erste von zwölf bestellten A380, die zunächst auf der 12.749 Kilometer langen Nonstop-Strecke von Melbourne nach Los Angeles eingesetzt werden soll. „Kein Flugzeug in der Geschichte der zivilen Luftfahrt konnte jemals so viele Passagiere über eine solch große Distanz im regulären Liniendienst befördern", sagt Qantas-Chef Geoff Dixon. Ausgestattet mit jeweils 501 Sitzen werden die ersten vier A380 der Australier ausschließlich auf Amerika-Routen fliegen, außer von Melbourne soll auch von Sydney aus die 12.052 Kilometer lange Strecke nach Los Angeles bedient werden. Sobald die zwölf bestellten A380 ausgeliefert sind sollen sie 17 wöchentliche Dienste zwischen Australien und Los Angeles fliegen sowie 14 Frequenzen zwischen Australien und London via Bangkok, Hongkong und Singapur. An Bord will Qantas als Neuheiten Lounges in allen drei Klassen bieten, außerdem Räumlichkeiten für Geschäftsbesprechungen und -prä-

Air France betreibt als einzige Fluggesellschaft alle Airbus-Typen von der A318 bis künftig hin zur A380. Die soll ab Ende 2007 zunächst nach Montréal und New York fliegen. (Airbus)

Airbus-Flugzeugen fortsetzt – seit der A300 haben die Franzosen jedes Airbus-Modell in ihrer Flotte gehabt und betreiben künftig alle modernen Typen von der A318 bis zur A380. Der Riese wird bei Air France mit 538 Sitzen ausgestattet sein, neun davon in First Class, 18 in Business Class sowie 449 in Economy. Im ersten Jahr fliegen die Neuzugänge zwischen Paris-CDG und Montréal sowie New York-JFK, 2008 sollen dann Peking und Tokio folgen. Im Sommer 2007 erhält auch die Leasingfirma **ILFC** die erste von fünf bestellten A380, zwei davon sind an Emirates verleast und die drei weiteren werden möglicherweise rechtzeitig vor den Olympischen Spielen 2008 in die Dienste von Air China treten. Für die zur Olympiade erwartete Verkehrsspitze hat kürzlich auch Chinas erfolgreichste Fluggesellschaft **China Southern** aus Guangzhou fünf A380 fest bestellt.

Für Ende 2007 oder Anfang 2008 rechnet man bei **Lufthansa** mit der Auslieferung des ersten von 15 bestellten Airbus-Riesen. Über Details hält man sich bisher sehr bedeckt, aber fest steht bereits, dass sich First und Business Class auf dem Oberdeck befinden werden und den Kunden in der A380 gegenüber heute eine komplett neue First Class geboten wird sowie überarbeitete Versionen der aktuellen Business- und Economy Class. Insgesamt tendiert Lufthansa zu weniger als 550 Sitzen an Bord. „Die zusätzliche Kabinenfläche in jeder Klasse ist wichtig, weil die Passagiere Angst davor haben, sich eingepfercht zu fühlen, aber das wird nicht passieren", beruhigt Lufthansa-Projektleiter Joachim Schneider. „Wir werden einige komplett neue Produktbestandteile bieten, etwa die Trennung von First- und Business-Kunden von Economy-Gästen in Frankfurt bereits im Gebäude und das getrennte Boarding für die Premium-Kunden ins Oberdeck", so Schneider. Als erste Strecke gilt Frankfurt-New York-JFK als die wahrscheinlichste, außerdem untersucht Lufthansa 17 weitere potenzielle A380-Ziele weltweit: München, Washington-Dulles, Miami, Chicago, San Francisco, Los Angeles, Mexiko-Stadt, Johannes-burg, Mumbai, Delhi, Singapur, Bangkok, Hongkong, Shanghai-Pudong, Tokio-Narita und Peking.

Noch 2007 will auch **Korean Air**, ebenfalls einer der treuesten und ältesten Airbus-Kunden, Betreiber der ersten von fünf bestellten A380 werden. Darin sollen die Sitze in allen Klassen verbessert werden und es vor allem „geräumigere Sitze in Economy Class" geben. „Wir konzentrieren uns darauf, eine neue Servicedimension zu bieten und die A380 ist dabei ein wichtiger Schritt nach vorn für eine kundenorientierte Airline", sagt Korean Air-Chairman und Vorstandschef Yang Ho Cho. Ebenfalls 2007/2008 erhält die international noch kaum bekannte neue Fluggesellschaft aus dem Emirat Abu Dhabi, **Etihad**, ihre erste von vier bestellten A380. „Der Platz in der A380 gibt uns die wundervolle Gelegenheit, unseren Gästen neue Erfahrungen in der Luft zu vermitteln, die überraschend sind und sich von den heutigen unterscheiden werden", so Etihad-Chairman Sheikh Ahmed bin Saif Al-Nayhan. Auch bei Etihad steht London ganz oben auf der Liste der geplanten A380-Routen, ebenso Frankfurt.

Erst ab Mitte 2008 wird **Virgin Atlantic Airways** zum A380-Betreiber, nachdem die zweitgrößte britische Airline im Mai 2004 die Auslieferung ihrer A380 vom geplanten

China Southern ist Chinas erfolgreichste Fluggesellschaft und will rechtzeitig zur Olympiade 2008 in Peking ihre fünf A380 einsetzen. (Airbus)

Die Lufthansa und ihr Chef Wolfgang Mayrhuber (kleines
Bild) erwarten die ersten von 15 bestellten A380 jetzt erst
Ende 2007 oder Anfang 2008. Frankfurt – New York wird
wohl zuerst geflogen. (Airbus, Spaeth)

Zeitpunkt Juli 2006 um fast zwei Jahre nach hinten verschoben hatte. Als Begründung wurde angeführt, einige Flughäfen (vor allem Los Angeles) seien nicht rechtzeitig bereit für
die Aufnahme des Flugzeugs, außerdem gebe es Zeitverzö-
gerungen bei Zulieferern der Innenausstattung. Das Interieur soll nach den Worten von Airline-Chef Sir Richard
Branson „das sich am radikalsten unterscheidende am Himmel" werden. „Verglichen mit anderen Launch Customers
sind wir nur eine kleine Fluggesellschaft und daher sind Innovation und ein besserer Service für unsere Passagiere
noch wichtiger", so Branson. Für alle „über 500 Passagiere" werde es ein Spielcasino sowie einen Fitnessbereich an
Bord geben. „Mit dem Casino und noch mehr von unseren
Upper Class-Doppelbetten wird es an Bord der Virgin-A380
mindestens zwei Wege geben, sein Glück zu finden", erklärte Branson grinsend bei der Vorstellung der A380 im Januar 2005 in Toulouse. Zum Einsatz wird die A380 bei Virgin auf Strecken von London-Heathrow nach New York-
JFK, Los Angeles, San Francisco, Hongkong und Tokio-Nari-

Die Leasingfirma ILFC wird zwei ihrer fünf bestellten A380
an Emirates verleasen, als weiterer Lease-Kandidat gilt zur
Olympiade 2008 Air China. (Airbus)

89

ta kommen. Auch auf Charterflügen ist an einen A380-Einsatz gedacht, so zum Beispiel nach Orlando in Florida – ein Ziel, das Virgin heute auf zwei täglichen 747-400-Flügen von Heathrow bedient.

In der zweiten Jahreshälfte 2008 wird **Thai Airways** die ersten von sechs bestellten A380 erhalten und sie vom neuen Flughafen Suvarnabhumi bei Bangkok nach Europa, vor allem nach London und Frankfurt, sowie nach Australien einsetzen. „Wir fühlen uns nicht nur als Airbus-Kunde, sondern als Teil eines Teams, das an einer völlig neuen Reiseerfahrung arbeitet", erklärte Thai-Vertreter

oben links und rechts: Korean Air-Chairman Yang Ho Cho (links) erwartet die ersten von fünf bestellten A380 noch 2007 und will damit vor allem das Bordprodukt aufwerten. (Spaeth, Airbus)

unten: Die erst 2003 gegründete Etihad Airways aus Abu Dhabi erhält 2007 oder 2008 ihre ersten von vier bestellten A380. (Airbus)

Etihad-Chairman Sheikh Ahmed bin Saif Al-Nayhan (rechts) will seine A380 vor allem auf Flügen nach Europa einsetzen, neben London möglicherweise auch nach Frankfurt. (Spaeth)

Virgin Atlantic hat die Auslieferung ihrer A380 selbst auf Mitte 2008 verschoben. Chef Richard Branson (kleines Foto) hat aber schon höchsten Luxus an Bord versprochen. (Airbus, Spaeth)

Narongsak Sungapong im Januar 2005 in Toulouse. Im August 2008 erhält **FedEx** als erste reine Fracht-Gesellschaft die erste von zehn bestellten A380-800F und setzt sie auf Routen vom Drehkreuz Memphis nach Asien. FedEx ist die einzige Gesellschaft, die heute schon einen Blick in ihre Passagierkabine gestattet, denn die gibt es in dem 150-Tonnen-Frachter tatsächlich. „Wir richten im vorderen Teil des Oberdecks eine Kabine mit zehn Business Class-Liegesitzen inklusive Galley und Toilette für unsere Angestellten und Kuriere ein", erklärt David Sutton, bei FedEx für Flugzeugbeschaffung zuständig. Damit die Frachtbegleiter nicht im Dunkeln sitzen, befinden sich jeweils vier Fenster pro Seite in diesem Bereich der Außenwände.

Auch im vorderen Bereich des Unterdecks denkt FedEx über einige weitere Sitze nach, hier befindet sich zumindest noch ein Fenster pro Seite. Auch FedEx

Der Eingangsbereich mit der Haupttreppe zum Oberdeck (hier im Airbus-Kabinennachbau) soll in der A380 besonders großzügig im Stile einer Hotelrezeption gestaltet werden. (Spaeth)

Thai Airways will ihre insgesamt sechs bestellten A380 vom neuen Flughafen Bangkok-Suvarnabhumi vor allem nach Europa und Australien einsetzen. (Airbus)

rühmt sich der aktiven Mitwirkung am Design des A380-Frachters, „durch unseren Input ist es ein besseres Flugzeug geworden", sagt David Sutton. Genau wie in der Passagierversion müsste auch die Fracht auf drei Decks innerhalb von 90 Minuten aus- und eingeladen werden. „Zunächst hatten wir einen Fahrstuhl für die Container im A380 erwogen, der war aber zu schwer und wurde verworfen", so Sutton. Jetzt wird die Fracht von außen direkt auf Haupt- und Oberdeck geladen.

Auch **Qatar Airways** aus dem Emirat Katar am Persischen Golf hat die Auslieferung ihrer zwei fest bestellten A380 nach

Thai Airways will ihre insgesamt sechs bestellten A380 vom neuen Flughafen Bangkok-Suvarnabhumi vor allem nach Europa und Australien einsetzen. (Airbus)

Den ersten Airbus-Frachter erhält der Kurierdienst FedEx im August 2008. Neben 150 Tonnen Fracht finden auch vorn oben zehn Passagiere auf Liegesitzen bequem Platz. (Airbus)

Qatar Airways gehört zu den am schnellsten wachsenden Airlines der Welt. Wenn 2009 der neue Flughafen Doha fertig ist will CEO Akbar Al Baker (rechts) mit der A380 vor allem London bedienen. (Spaeth, Airbus)

hinten auf 2009 verschoben, weil vorher der neue Flughafen der Hauptstadt Doha nicht fertig gestellt sein wird. „Dies wird weltweit der erste Flughafen sein, der speziell für die Abfertigung der A380 konzipiert ist", sagt Qatar Airways-Chef Akbar Al Baker. Die aufstrebende Gesellschaft vom Golf will die A380 mit maximal 490 Sitzen bestuhlt auf ihrer Rennstrecke von Doha nach London-Heathrow einsetzen. „Wir glauben an Luxus", sagt Akbar Al Baker, „und wir planen Innovationen an Bord, über die andere Airlines bisher noch nicht einmal nachgedacht haben." Ebenfalls 2009 erhält der Paketdienst **UPS** die ersten von zehn bestellten A380-Frachtern.

Als zweiter Kurierdienst hat UPS den A380-Frachter bestellt, die erste Lieferung ist für 2009 vorgesehen. (Airbus)

Maßarbeit am Boden

Für die Flughäfen in aller Welt ist die A380 eine Herausforderung, besonders auf älteren Airports sind umfangreiche Änderungen erforderlich.

Das flache Ungetüm aus Stahlrohren, das schon 1999 von einer Zugmaschine über den eigens neu asphaltierten Rollwegabschnitt am Flughafen Toulouse gezogen wurde, hatte 22 Räder – genau wie die A380. Von oben ähnelte die Teststrecke mit ihren weißen Markierungen einer Aneinanderreihung von Tennisplätzen, in Wirklichkeit handelte es sich aber um vier verschiedene Belagschichten auf ebenso vielen unterschiedlichen Varianten von Unterbau. Das sogenannte Pavement Loading Test Vehicle sollte mit Stahlplatten beschwert ein voll beladenes Riesen-

flugzeug simulieren und dabei testen, wie verschiedene Typen von Rollwegen auf eine Last von bis zu 650 Tonnen reagieren würden. Sensoren im Belag registrierten genau die Belastungsverteilung und Verformung des Untergrunds. Ergebnis: Die spätere A380 unterschreitet die Belastungen, denen Rollwege und Pisten bereits durch die Boeing 747-400 ausgesetzt sind. Wie ein Leitmotiv zieht sich der Vergleich zum Boeing-Jumbo als bisher größtem Verkehrsflugzeug durch die gesamte Entwicklung der A380. Sehr früh begann Airbus, gemeinsam mit den

Die A380 ist mit ihren riesigen Dimensionen, vor allem fast 80 Meter Spannweite, ein Problem auf engen Flughafen-Vorfeldern wie hier auf dem Aérosalon in Le Bourget im Juni 2005. (Spaeth)

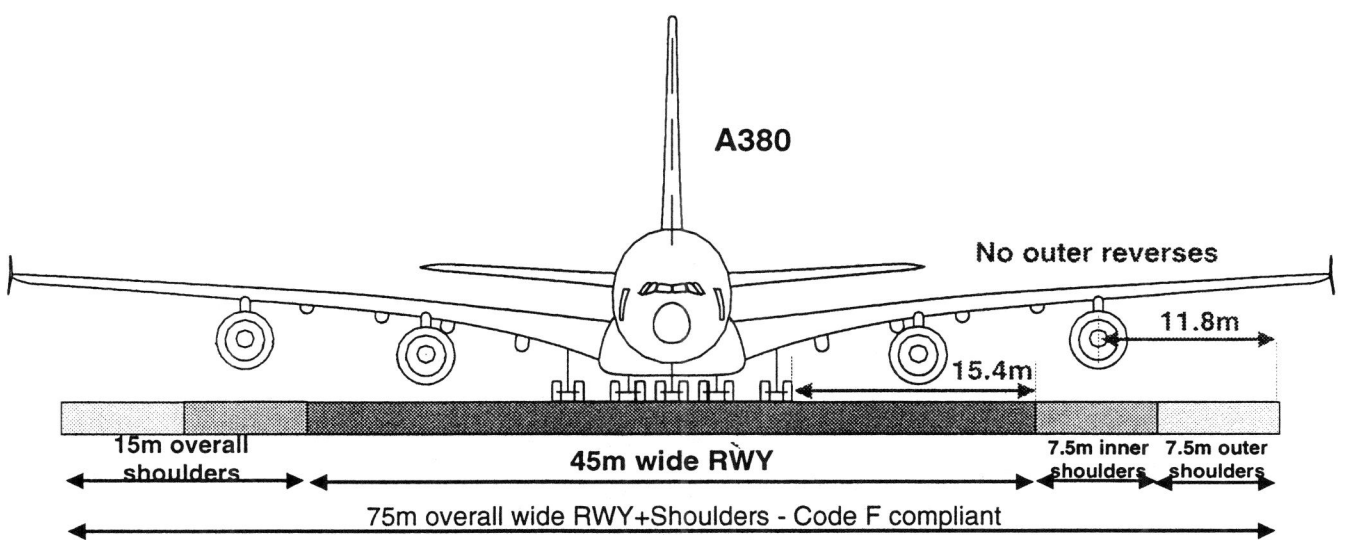

A380

No outer reverses

11.8m

15.4m

15m overall shoulders

45m wide RWY

7.5m inner shoulders **7.5m outer shoulders**

75m overall wide RWY+Shoulders - Code F compliant

Flughafenbetreibern die Parameter für ein Riesenflugzeug neuer Generation zu definieren. „Es macht keinen Sinn ein Monster zu bauen, das auf keinem Flughafen der Welt abgefertigt werden kann", sagt Tim Clark, Chef des größten A380-Kunden Emirates aus Dubai.

Bereits Anfang der 1990er-Jahre gingen die Flughäfen daran, sich bei ihren Ausbauprojekten wie etwa dem Terminal 2 in Frankfurt darauf einzustellen, künftig Flugzeuge mit größerer Spannweite als jene der Boeing 747 abzufertigen. 1994 führte der Welt-Flughafenverband ACI unter seinen Mitgliedern eine Studie durch, die die Schwierigkeiten mit dem damals noch New Large Aircraft (NLA) genannten Projekt verdeutlichen sollte. Das Ergebnis war, dass das Limit einer noch zu tolerierenden Flügel-Spannweite bei 80 Metern lag, um extreme Kostenbelastungen der Flughäfen zu vermeiden. Eine weitere ACI-Studie kam 1996 zu dem Schluss, dass ein Flughafen durchschnittlich 100 Millionen Dollar würde aufwenden müssen, um sich dem damals geplanten NLA anzupassen. Daraufhin erlegten sich die Airbus-Designer bei der Entwicklung der Dimensionen der A3XX die Beschränkung der 80 x 80 Meter-Box auf. Herausgekommen ist mit der A380 ein Flugzeug, dass sich trotz seiner Passagierkapazität und Größe erstaunlich gut auf den heute vorhandenen Flughäfen bewegen kann und die meisten Airport-Betreiber vor keine unlösbaren Herausforderungen stellt. „Wir müssen uns aber nicht nur auf die A380 einstellen, sondern gleichzeitig auch auf die A340-600 und die Boeing 777-300ER", sagt Philippe Laborie, der Chefingenieur der Pariser Flughäfen, „und die A340-600 ist die schwierigste von allen."

Tatsächlich ist die A340-600 mit 74,80 Meter fast zwei Meter länger als die A380 und damit das längste Verkehrsflugzeug der Welt, was sich besonders kritisch in der Auslegung der Kurven von Rollwegen auswirkt. Auf vielen Flughäfen wie New York-JFK kann der längste Airbus bisher nur eingeschränkt rollen und muss aufgrund zu enger

Wegen der weit nach außen hängenden A380-Triebwerke müssen die befestigten Bereiche an den Bahnrändern verbreitert werden. Schubumkehr gibt es nur auf den inneren Triebwerken. (ADP)

Kurven viele Bereiche ganz vermeiden, solange hier keine Auffüllungen vorgenommen wurden. Bei der 73,86 Meter langen Boeing 777-300ER hingegen ist die Gewichts-Belastung auf den einzelnen Fahrwerksbeinen das Problem, ihre 340 Tonnen Maximalgewicht lasten auf nur zwölf Rädern, während sich die bis zu 560 Tonnen der A380 auf 22 Räder verteilen. Das bedeutet eine maximale Last von 25,4 Tonnen pro Rad beim A380, aber 28,3 Tonnen pro Rad bei der 777-300ER. In Frankreich führt dies auf dem Flughafen Paris-Orly zu Problemen, von wo Air France ihre 777-300ER in die Karibik einsetzen will, sich dies aber bei voller Beladung ohne aufwändige Belagverstärkung auf Rollwegen und Pisten kurz vor Einführung als nicht möglich erwiesen hat. Die A380 ist im Vergleich dazu pflegeleichter, hier ist vor allem die um genau 15,16 Meter größere Spannweite gegenüber der 747-400 ein Problem.

Für die internationale Zivilluftfahrtorganisation ICAO fällt die A380 damit in die Kategorie F nach ihren im Juli 1999 veröffentlichten Spezifikationen des „Annex 14 Code F". Code F beschreibt die Vorgaben am Boden für Flugzeuge mit Spannweiten zwischen 65 und 80 Metern, bei denen der Abstand der äußeren Räder des Hauptfahrwerks zwischen 14 und 16 Meter beträgt (die A380 kommt auf 14,30 Meter gegenüber den 12,90 Meter der 777-300ER). Danach werden eine mindestens 60 Meter breite Start- und Landebahn sowie befestigte Seitenflächen, sogenannte Schultern, von 7,50 Meter Breite auf jeder Seite empfohlen. Damit soll vor allem verhindert werden, dass die äußeren Triebwerke Fremdkörper ansaugen oder hochwirbeln, da die Motoren eins und vier bei der A380 jeweils fünf Meter weiter in Richtung Flügelspitze hängen als bei der 747. Allerdings verfügen nur sehr wenige Flughäfen in aller Welt, nämlich die modernsten vor allem in Asien wie Incheon bei Seoul, Hongkong oder das japanische Kansai über solche Dimensionen, und selbst in Paris-CDG erfüllen nur die beiden neuesten von insgesamt vier Pisten die Vorgaben, während es in Frankfurt nur die Nordbahn ist. Lediglich der 1992 eröffnete Flughafen München wurde in kluger Voraussicht mit 30 Meter breiten Rollwegen und 60 Meter breiten Runways plus den jeweiligen Sicherheitsstreifen errichtet. Daher erhielt München im März 2004 als erster europäischer Flughafen die Zulassung nach ICAO-Code F.

Die anderen Flughäfen arbeiten zur Zeit mit den zuständigen Behörden und Airbus in der A380 Airport Compatibility Group (AACG) daran, den A380-Flugbetrieb auch auf modifizierten bestehenden Pisten und Rollwegen zu ermöglichen. Wesentliche Voraussetzungen für den Betrieb auch auf nur 45 Meter breiten Start- und Landebahnen sowie 23 Meter breiten Rollbahnen jeweils inklusive befestigter 7,50 Meter breiter Schulterbereiche bringt die A380 mit: Die beiden äußeren Triebwerke verfügen bewusst über keine Schubumkehr, womit die Gefahr von Ansaugungen und Aufwirbelungen am Pistenrand verringert wird. Außerdem verfügt die A380 mit ihren steuerbaren Hinterrädern an den sechsrädrigen Hauptfahrwerken über einen erstaunlich kleinen Wendekreis von nur 56,70 Metern – eine Boeing 777-300ER benötigt 58,10 Meter, außerdem ist der Radstand, also der Abstand vom Bug- zum Hauptfahrwerk, bei der 777-300ER länger. Im Testbetrieb müssen Flughäfen und Airbus nun nachweisen, dass sich die A380 auch auf beschränkten Flächen sicher betreiben lässt, und dann hofft etwa der Frankfurter Flughafen, künftig auf allen drei Bahnen den Riesen starten und landen lassen zu können.

Dank ihrer mit 845 Quadratmetern extrem ausladenden Flügelfläche verfügt die A380 trotz ihres hohen Gewichts über erstaunlich gute Start- und Landeeigenschaften, die dazu führen, dass sie voll beladen mit einer durchschnittlichen Startrollstrecke von 2990 Metern genau 550 Meter weniger Piste benötigt als die Boeing 747-400. Ein ähnliches Bild bei der Landung – hier kommt die A380 nach durchschnittlich 2103 Metern zum Stehen, während die 747-400 mit 2260 Metern genau 150 Meter mehr zum Ausrollen benötigt. Auch bei der Lärmentwicklung stellt die A380 einen wesentlichen Fortschritt dar: In Frankfurt kalkuliert die Lufthansa, dass die A380 beim voll beladenen Start nur eine halb so große Fläche mit Lärm von 85 dB(A) belegt wie der Jumbo von Boeing. Dieser Wert entspricht einem Lastwagen, der im Stadtverkehr in einer Distanz von fünf Metern vorbeifährt. Gleichzeitig geht man davon aus, dass sich durch den Einsatz der A380 mit ihrer höheren Kapazität die Anzahl der gesamten Flugbewegungen verringert und damit weiterer Lärm und Emissionen eingespart werden können. Hier stellt sich allerdings die Frage, ob eventuell verstärkte Zubringerflüge nötig werden, um den Riesen auch zu füllen. Kevin Bleach von der New Yorker Flughafenbehörde sagt: „Wir haben gesehen, was große Flugzeuge bewirken

Dass die A380 zur Wartung auf den Flughäfen eigene Hangars mit besonderen Dimensionen benötigt wird schon beim Herausrollen aus den Werkshallen in Toulouse deutlich. (Airbus/H. Goussé)

Drei Fluggastbrücken werden auf dem New Doha International Airport an jeder für die A380-Abfertigung vorgesehenen Position installiert, eingestiegen wird aus zwei Gebäudeebenen. (NDIA)

können" und führt historische Zahlen für einen Rückgang der Flugbewegungen durch größeres Fluggerät an: 1968 verzeichneten die New Yorker Flughäfen 19,6 Millionen Fluggäste bei 431.000 Starts und Landungen, während es lange nach Etablierung der Boeing 747 im Jahre 1980 27 Millionen Passagiere bei nur noch 308.000 Flugbewegungen waren.

Entscheidend für den operativen Erfolg des A380-Betriebs ist aber die eigentliche Boden-Abfertigung. Wegen ihrer ausladenden Spannweite kann es hier bei der A380 sowohl beim Rollen, vor allem aber auf gebäudenahen Parkpositionen zu Engpässen kommen. Klar im Vorteil sind Flughäfen neueren Baudatums oder jene, die die Dimensionen der A380 schon in aktuelle Ausbauprogramme einbeziehen konnten, hier sind weniger kostspielige Anpassungen nötig. Airbus betont aber, dass ein Flughafen, der 747-400, A340-600 und 777-300ER abfertigen kann, im Prinzip auch in der Lage ist, die A380 aufzunehmen. Beim sogenannten Ground Handling wurde Wert darauf gelegt, die Abfertigungsprozesse auch bei der A380 so zu belassen wie bei allen anderen Flugzeugen. Lediglich zwei zusätzliche Fahrzeugtypen sind für die A380-Abfertigung anzu-

Der neue Flughafen Doha in Katar am Persischen Golf soll 2009 eröffnet werden als erstes Drehkreuz, das speziell für den Einsatz der A380 geplant wurde. (NDIA)

schaffen – Flugzeugschlepper, die mit Ballast mindestens 70 Tonnen wiegen, um den Riesen-Airbus entweder an einer Schleppstange oder per Umschließung des Bugrads zu bewegen. Und ein spezielles Catering-Fahrzeug, das sich seitwärts über die Tragfläche und dann nach vorn bewegen kann, um die direkte Beladung des Oberdecks mit Mahlzeiten durch die vordere rechte Tür in acht Metern Höhe sicherzustellen.

Die direkte Einbeziehung des Oberdecks in alle Bodenprozesse ist besonders bedeutsam, um die angestrebten kurzen Bodenzeiten von 90 Minuten zu erreichen und damit nicht länger zwischen zwei Flügen zu verweilen als

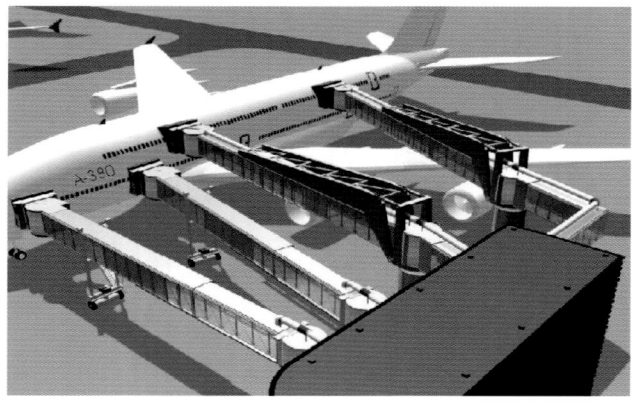

Für besonders effizientes Ein- und Aussteigen lassen sich in aufwändiger Bauweise auch bis zu vier Brücken, zwei pro Deck, für die A380 installieren.

(ThyssenKrupp Airport Systems)

eine Boeing 747-400 mit wesentlich weniger Passagieren. Airbus behauptet, dass schon mit zwei Fluggastbrücken ins Hauptdeck vergleichbare Bodenzeiten zu schaffen sind, die Airlines allerdings bestehen überwiegend auf direktem Zugang auch ins Oberdeck. „Wir müssen uns um die Passagiere im Oberdeck besonders kümmern, das sind immerhin mehr als 100 First- und Business Class-Gäste", sagt Joachim Schneider, A380-Projektleiter bei Lufthansa, „deswegen kommt dem direkten Zugang ins Oberdeck an allen angeflogenen Stationen eine Schlüsselfunktion zu, nicht nur zum Ein- und Aussteigen, sondern auch für Catering-Beladung und Kabinenreinigung." Die Beladung mit Verpflegung sowie die Reinigung werden die entscheidenden Flaschenhälse bei der A380-Abfertigung sein, ist man sich in der Branche einig. Schneider wie viele seiner Kollegen halten drei Fluggastbrücken pro A380 für das Minimum. Die Flughäfen Frankfurt, München, Paris-CDG, Dubai, Doha, Bangkok-Suvarnabhumi, Seoul-Incheon, Peking, Shanghai-Pudong, Sydney und Pointe-á-Pitre auf Guadeloupe in der Karibik haben die Errichtung von jeweils drei Brücken pro A380-Position bereits zugesagt. Zwei Brücken, eine davon direkt ins Oberdeck, wollen Amsterdam, Nizza, London-Heathrow, London-Gatwick, Guangzhou, Jeddah, Singapur, Washington-Dulles, New York-JFK, Los Angeles, Miami, Montréal, San Francisco, Toronto, Johannesburg und Melbourne einrichten.

Der direkte Zugang ins Oberdeck ist eine technische Herausforderung, liegt doch die Türschwelle dort Schwindel erregende acht Meter über dem Rollfeld. Am Terminal 2 in Frankfurt befindet sich der Passagier vor dem Einstieg 6,50 Meter über dem Boden, von hier aus geht es entweder auf 5,10 Meter Einstiegshöhe bergab ins Hauptdeck oder auf acht Meter bergauf ins Oberdeck der A380. Bei

drei Brücken wird es zudem eng am Flugzeug – vor allem die beiden Piers zur 2. Tür des Hauptdecks und jene zum Oberdeck kommen sich mit 1,1 Meter gefährlich nahe, auch zwischen der Oberdeck-Brücke und dem Vorflügel liegen im ungünstigsten Fall nur 1,6 Meter Abstand, es besteht also eine hohe Unfallgefahr. Schon bisher entstand jedes Jahr weltweit durch Abfertigungsgerät am Boden ein Schaden von zwei Milliarden US-Dollar an Verkehrsflugzeugen. Um diese Gefahr beim A380 künftig zu verringern werden seit kurzen am Gate A16 in Frankfurt zwei automatisch an die Türen heranfahrende Brücken getestet. Müsste sonst ein Brückenfahrer nacheinander in jeweils rund drei Minuten die Piers manuell heranschwenken, erledigt das jetzt vollautomatisch und auf zwei Zentimeter genau ein System des US-Herstellers Indal Technologies. Unter der Brücke ist eine Infrarotkamera installiert, die wie bei einem Barcode im Supermarkt anhand kleiner Aufkleber an den Flugzeugtüren den Flugzeugtyp und die exakt geforderte Brückenposition erkennt und dies an einen Computer weitergibt, der dann die Brücken heranschwenkt. Später soll ein vergleichbares System die künftig drei Brücken für die A380 in insgesamt zwei Minuten an die Maschine fahren und später wieder in die Ausgangsstellung zurückbringen, eine erhebliche Zeit- und Arbeitskräfte-Einsparung.

Verschiedene Hersteller wie ThyssenKrupp erwägen auch schon weit kühnere Brücken-Konfigurationen: Ständerlose sogenannte Cantilever-Brücken, die über die Tragfläche hinweg zur vierten Hauptdeck-Tür schwenken, was die Gesamtzeit für das Ein- und Aussteigen auf nur noch 24 Minuten drücken könnte – gegenüber bis zu 45 Minuten bei der 747-400. Auch die Idee einer Heranführung der Fluggäste an die hinteren Türen am Boden um die Tragfläche herum und dann per Rolltreppe ins Flugzeug wird ebenso diskutiert wie sogar der Einsatz von bis zu vier Brücken. Damit einhergehen muss allerdings immer auch die entsprechende Kapazität bei den Warteräumen im Gebäude.

„Die Fähigkeit der einzelnen Flughäfen zur Aufnahme der A380 und der Zeitpunkt dafür wird davon bestimmt, wann die ersten A380 jeweils dorthin eingesetzt werden", sagt Richard Carcaillet, Airbus-Direktor für Produktmarketing der A380. Schon 2010, so Carcaillet, wird der Riesenflieger auf 60 Flughäfen weltweit regelmäßig landen. Die Anzahl der Frequenzen kann allerdings erheblich variieren von Dutzenden Flügen am Tag bis hin zu wenigen Starts pro Woche. Gerade mal 37 Flughäfen nehmen heute 80 Prozent aller 747-Flüge auf. Der absolute Spitzenreiter dabei ist Tokio-Narita mit mehr als 1400 Flugbewegungen der Boeing 747 pro Woche, dann folgen Hongkong (gut 1100 Flüge pro Woche) und London-Heathrow (gut 1000 pro Woche), Frankfurt liegt an elfter Stelle mit gut 700 Starts und Landungen von Jumbo Jets

jede Woche. Bei der A380 wird die Verteilung etwas anders aussehen – 2006 werden nach Airbus-Prognosen 20 Flughäfen weltweit fit für die A380 sein, in Europa nur Frankfurt, München und London-Heathrow. Bis 2008 wird sich dann die Zahl der entsprechend vorbereiteten Airports auf 40 weltweit verdoppelt haben.

Das größte A380-Drehkreuz der Welt wird künftig Dubai in den Vereinigten Arabischen Emiraten sein, Sitz von Emirates mit allein 45 bestellten A380. Für die innerhalb von nur 20 Jahren zu globaler Größe gewachsene Gesellschaft stellt die A380-Einführung inklusive aller Nebenkosten eine Investition von 15 Milliarden US-Dollar dar – und das wird sich vor allem auf dem Dubai International Airport zeigen. „Im Jahr 2010 werden wir jeweils rund 20 A380 zur selben Zeit am Boden haben", weiß Rimzie Ismail von der Flughafenbehörde. Bis dahin will die arabische Boom-Metropole schon 60 Millionen Passagiere im Jahr abfertigen, eine Verdreifachung gegenüber heute. Um das geplante immense Wachstum aufzunehmen investiert das Scheichtum bis 2008 nicht weniger als 4,1 Milliarden US-Dollar in den Ausbau der Anlagen. „Wir bauen einen speziellen Flughafen für die A380 und passen nicht nur einfach bestehende Gebäude an", sagt Rimzie Ismail. Bis Ende 2006 entsteht das neue Terminal 3 ausschließlich für Emirates mit fünf unterirdischen Abfertigungsebenen sowie dem daran auf dem Vorfeld angeschlossenen oberirdischen Concourse 2, an dem fünf Gate-Positionen für die A380 mit jeweils drei Brücken zur

In Frankfurt (oben) wird zur Zeit das automatische Heranfahren der Brücken via Infrarotsteuerung erprobt, in den USA (unten) gibt es einen Simulator für das Heranfahren ans A380-Oberdeck. (Spaeth, FMC Technologies)

Verfügung stehen. Bis 2008 wird daneben ein zweiter Gebäuderiegel, der Concourse 3, errichtet, an dem ebenfalls exklusiv für Emirates nicht weniger als 18 der 20 vorhandenen Flugsteige für die A380-Abfertigung bereitstehen. Doch allein damit ist es nicht getan – zur selben Zeit errichtet Emirates ein riesiges neues Wartungszentrum sowie einen neuen Cateringbetrieb. Das 36.600 Quadrat-

Noch ist das Andocken der A380 am Terminal 2 des Münchner Flughafens eine Computer-Simulation, doch bald dürfte es zumindest testweise Realität werden, Linienflüge sind vorerst nicht geplant. (ACA-Design/Werner Hennies)

meter große Zentrum für Bordverpflegung wird bis 2010 täglich über 115.000 Mahlzeiten produzieren, denn jeder der dann 43 A380 in der Flotte benötigt bei voller Auslastung allein mehr als 1100 Menüs pro Flug.

Gemessen an solchem Gigantismus nehmen sich die A380-bezogenen Ausbauprojekte europäischer und amerikanischer Airports vergleichsweise bescheiden aus. London-Heathrow als wichtigster A380-Flughafen Europas investiert rund 672 Millionen Euro in der Erwartung, dass 2016 jeder achte Flug von einer A380 durchgeführt wird und zehn Millionen Passagiere mehr befördert werden können, ohne Anstieg der Zahl der Flugbewegungen. In New York-JFK fließt ein Großteil der 225 Millionen Dollar teuren Investitionen in Verstärkungen der Pisten, Rollwege und -brücken, während Paris-CDG in einem Fünfjahres-Programm mit 110 Millionen Euro auskommt, die vor allem in ein 750 Meter langes Satellitengebäude am Ostende des Terminals 2 fließen, wo ab Frühjahr 2007 sechs spezielle A380-Gates bereitstehen sollen. „Das ist wenig Geld im Vergleich dazu, dass wir insgesamt etwa 500 Millionen Euro pro Jahr investieren", so Philippe Laborie vom Flughafenbetreiber ADP.

In ähnlichen Größenordnungen bewegen sich die Investitionen in Frankfurt. Hier wird es bis 2009 insgesamt zwölf A380-Positionen geben, wobei die fünf am Terminal 2 den geringsten Aufwand erfordern – hier müssen lediglich komplett neue Treppenhäuser und Brückenbauwerke an den jeweiligen Positionen errichtet werden, was rund 15 Millionen Euro kosten wird. Die ersten Flüge von Emirates werden an Gate E4 im Terminal 2 abgefertigt, während Lufthansa und andere Star Alliance-Partner wie Singapore Airlines ab 2007 zunächst an den drei Positionen C9 bis C11 stehen werden. Die schließen sich unmittelbar an die Terminal 2-Positionen an, werden aber vom Terminal 1 aus abgefertigt. Aufwändiger gestaltet sich die ab 2009 geplante Umrüstung von je zwei Positionen an den

beiden 1972 eröffneten B-Fingern des früher Terminal Mitte genannten Ur-Komplexes, hierfür muss auf dem heutigen Dach eine zusätzliche Etage aufgesetzt werden, um das zweistöckige Ein- und Aussteigen zu ermöglichen. Schließlich wird für 125 Millionen Euro bis September 2007 im Süden des Flughafens eine neue Wartungshalle mit Platz für maximal vier A380 der Lufthansa entstehen – wenn die letzten Genehmigungen u. a. zum Roden des heute dort stehenden Waldes erteilt werden. Fünf Jahre nach der Einführung der A380 auf Liniendiensten, also etwa 2011, erwartet der Frankfurter Flughafen täglich rund 40 Flugbewegungen der A380 auf Rhein/Main. Fünf Jahre nach Einführung der Boeing 747 waren es 1974 täglich 25 Starts- und Landungen des Jumbo Jets, heute hat sich der Wert auf gut hundert vervierfacht.

8. Die Mutter aller Starts

Nach dem Erstflug kommt auf die A380 ein rigoroses Testprogramm zu, in dem vier Flugzeuge bis an den Rand der Belastbarkeit gebracht werden.

Am Montag, dem 25. April 2005, war in Toulouse die Entscheidung gefallen: Zwei Tage später sollte der lang erwartete, ursprünglich schon für Ende März geplante Erstflug der A380 stattfinden. Seit der grandiosen „Reveal"-Zeremonie vor 5000 Ehrengästen am 18. Januar 2005 war viel Zeit vergangen, die Ungeduld der Öffentlichkeit gewachsen und immer neue Falschmeldungen von Problemen mit Fahrwerk oder der Heckpartie in die Presse geraten. Erstaunlicherweise gab es ähnliche Verzögerungen und ein vergleichbar negatives Presseecho fast im Detail identisch 36 Jahre zuvor, als die Boeing 747 erst am 9. Februar 1969, Monate nach dem Rollout, auf dem Flugplatz Everett bei Seattle zum Erstflug startete. Wer dies in Lawrence Kuters Buch von 1973 nachliest, der empfindet beim A380-Erstflug ein echtes Déja-vu-Erlebnis. Nach der öffentlichen Vorstellung des Riesen Mitte Januar hatten die Airbus-Ingenieure viele weitere Checks, vor allem sogenannte Flattertests, durchgeführt. Damit wollten sie sicherzustellen, dass die durch Schwingungen ausgelösten Eigenfrequenzen des Rumpfes durch die Konstruktion selbst gedämpft werden und sich nicht weiter verstärken, was schlimmstenfalls zur Selbstzerstörung

Der A380-Prototyp mit der Werksnummer 001 und der Registration F-WWOW ist bereit zum Erstflug – aber noch hindern ihn Bremsklötze vor dem Hauptfahrwerk am Wegrollen. (Airbus)

Die glorreichen Sechs – schon Wochen vor dem Erstflug steht die Besatzung fest. Im Cockpit sitzen Claude Lelaie und Jacques Rosay, in der Kabine vier Ingenieure, unter ihnen (rechts) der Deutsche Manfred Birnfeld. (Airbus)

der Zelle führen kann. Schon fast zwei Wochen lang hatte der Riesenvogel bei Rolltests bis fast zur Abhebegeschwindigkeit am Boden für Aufsehen gesorgt. Dabei wurden Fahrwerk, Bodensteuerung, Triebwerksschub und Bremskraft getestet.

Entscheidend für den Erfolg des Erstflugs war, dass das Wetter mitspielen und die richtigen Winde wehen würden, sodass ein Kurs Richtung Norden gewählt werden konnte und nicht die Stadt Toulouse auf dem Flugweg passiert werden musste. Noch am Dienstag abend regnete es in der südfranzösischen Luftfahrtmetropole, doch wie durch ein Wunder ist der Morgen des Mittwoch, 27. April 2005, wie geschaffen für das wichtigste Ereignis der zivilen Luftfahrt seit dem Erstflug der Concorde am 2. März 1969. Die A380 soll genau von jener Piste 32 Links erstmals abheben, auf der damals auch der Überschall-Passagierjet in Toulouse zum Premierenflug aufgestiegen war – es ist die längste Startbahn in Toulouse. Schon seit Monaten ist bekannt, wer die ersten sechs Menschen sind, die den Riesen in die Luft befördern sollten – drei Franzosen und je ein Deutscher, ein Engländer und ein Spanier. Im Cockpit auf dem Pilotensitz Claude Lelaie, Chef

Auch während der ersten Testphase wirkt das A380-Cockpit aufgeräumt und übersichtlich wie in fast jedem Airbus-Linienflugzeug, es finden sich nur wenige Zusatzinstrumente. (Spaeth)

Oben: Zum Fressen gern scheint ein Boeing 747-Frachter seinen größeren Konkurrenten A380 während der Luftfahrtschau in Paris-Le Bourget im Juni 2005 zu haben. (Spaeth)

Links: Statt Passagier-Luxus nur Wassertanks – so karg präsentiert sich in der ersten Testphase das Hauptdeck in der A380. Die rund 200 Ballasttanks werden zur Simulation des Passagiergewichts mit Wasser gefüllt. (Spaeth)

der Airbus Flight Division, und sein Kollege, Cheftestpilot Jacques Rosay. In der Kabine fliegt Chef-Testflugingenieur Fernando Alonso, der Testflugingenieur Gérard Debois sowie die beiden Flugversuchsingenieure Jackie Joye und Manfred Birnfeld, drei von ihnen auf dem Oberdeck und drei auf dem Hauptdeck.

Die beiden riesigen Decks der A380 mit der Werksnummer 001 und der Registration F-WWOW, auf denen in Serienmaschinen später bis zu 644 Passagiere (bei Emirates) sitzen werden, sind beim Erstflug nahezu leer. Die

Haupttreppe zwischen beiden Decks fehlt noch, im Notfall steigt die Testcrew über einen speziellen Schacht durch die aufsprengbare vordere rechte Frachtraumtür aus. Es gibt nur wenige Sitze für die vier Ingenieure auf beiden Decks, dafür ist das Flugzeug vollgestopft mit 20 Tonnen Testgeräten und 335 Kilometern Kabeln, die die Daten der 6000 verschiedenen Parameter pro Flug verarbeiten. „Das ist wie bei einem EKG", erklärt ein Airbus-Ingenieur. Das Gewicht von Passagieren und Ladung wird mit fassgroßen Wassertanks simuliert, die anstelle von Sit-

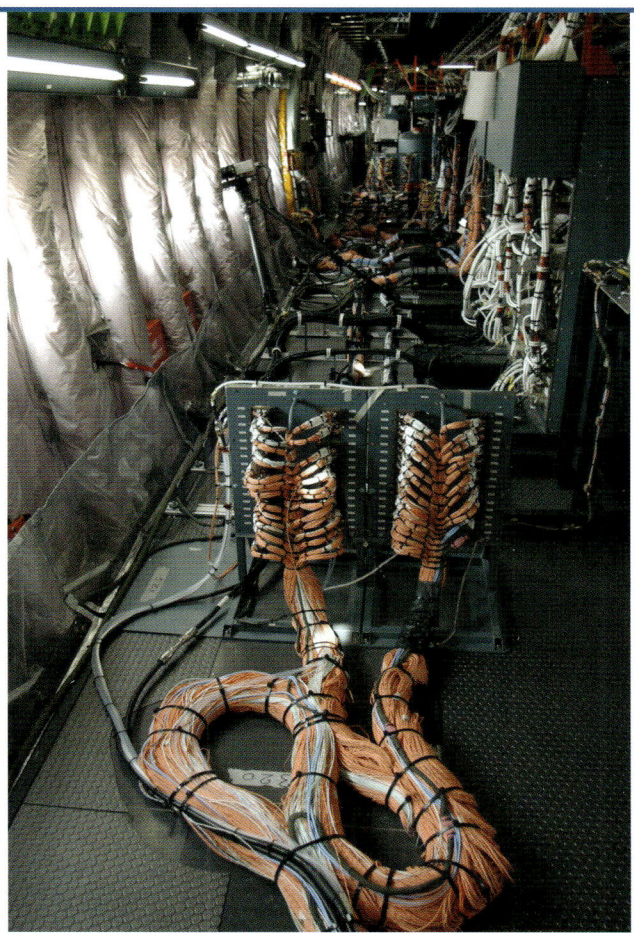

Insgesamt 335 Kilometer Kabel sind durch die beiden Decks im A380-Testflugzeug verlegt, die die Daten von 6000 unterschiedlichen Parametern während jedes Fluges weiterleiten. (Spaeth)

Der orangerote Verschlag auf dem Hauptdeck ist nicht das stille Örtchen, sondern hier öffnet sich im Ernstfall eine Falltür zum Notausstieg per Fallschirm durch die vordere rechte Frachtraumluke. (Spaeth)

zen in der Kabine eingebaut sind. Mit Umpumpen, Ablassen oder Hinzugeben von Wasser lässt sich auch kurzfristig der Schwerpunkt des Flugzeugs verlagern.

Der schnauzbärtige deutsche Triebwerksspezialist Manfred Birnfeld hat im Januar 2002 bereits den Erstflug des kleinsten Airbus A318 in Hamburg mitgemacht „Die sind mit Sicherheit alle furchtbar nervös vorher", weiß Airbus-Flugversuchsingenieur Hermann Schmoeckel, ein Hamburger Kollege von Birnfeld und ebenfalls beim A318-Erstflug an Bord. Das bestreitet aber jedes befragte Mitglied der Erstflug-Besatzung nach erfolgreicher Mission. Wie auf allen Erstflügen und später wieder bei besonders heiklen Tests tragen die Besatzungen am 27. April Fallschirme über ihren orangeroten Overalls und Helme. Für den Fall der Fälle haben sie in einjähriger knochenharter Spezialausbildung an der Testpilotenschule Istres in Südfrankreich trainiert. „So ein Erstflug ist immer ein Risiko, da die Praxiserfahrung der Besatzung gleich null ist und zum allerersten Mal komplett alle Systeme im Flugzeug zusammenarbeiten müssen", so Schmoeckel. „Der Erstflug der A380 ist für Airbus eine der größten Herausforderungen, so etwas ist immer beeindruckend und aufregend", weiß Schmoeckel. Das wissen auch viele Schaulustige, die sich seit dem Vorabend rund um den Flughafenzaun versammelt haben. Rund 50.000 sind es insgesamt, schätzt die Gendarmerie, die sich den Erstflug des teuersten, größten und

schwersten Verkehrsflugzeugs der Luftfahrtgeschichte nicht entgehen lassen wollen.

Bereits am frühen Morgen gegen sieben Uhr besteigt die Crew ihr Flugzeug, gegen 9.20 Uhr endlich schiebt ein Schlepper den Riesen aufs Vorfeld. Tausende von Airbus-Mitarbeitern drängen sich an den eigens dafür auf dem Werksgelände errichteten Absperrungen. Fast eine Stunde dauern die letzten Systemchecks, bis der blauweiße Riese um 10.17 Uhr zur Startbahn einbiegt. Zunächst startet ein Fotoflugzeug vom Typ Corvette, dreht eine Schleife, um die A380 nach dem Start zu begleiten, zu filmen und von außen zu überprüfen, ob sich Teile lösen, Klappen öffnen oder etwa Hydraulikflüssigkeit austritt. Um 10.29 Uhr löst Claude Lelaie die Parkbremsen und bewegt die Schubhebel für die vier mächtigen Rolls-Royce-Triebwerke nach vorn. Das Erstaunen ist groß: Der Start verläuft unspektakulär, obwohl sich

noch nie ein 421 Tonnen schweres Passagierflugzeug in die Luft erhoben hat. Mit diesem Gewicht ist das Testflugzeug, das auch in Zukunft bei Airbus für Erprobungszwecke eingesetzt werden wird, schwerer als eine Boeing 747 jemals war, liegt aber noch um 139 Tonnen unter dem maximalen Startgewicht, dass die A380 später erreichen wird. Nur 1800 Meter Rollstrecke und 34 Sekunden braucht die F-WWOW an diesem strahlenden

Frühlingsmorgen, bis sie sich mit einem tiefen, gedämpften Grollen ihrer Triebwerke bei 270 km//h ungeahnt leise in die Luft erhebt. Die über allem fliegende kleine Corvette ist in diesem Moment am Boden deutlicher zu hören als der riesige Airbus. Beifall und Jubel branden auf, bald ist der Riese kaum noch als Punkt am Himmel auszumachen. „Ich bin überrascht, wie leise der Start war", sagt Airbus-Chef Noël Forgeard. „Die Mut-

ter aller Starts", wie ein enthusiastischer CNN-Reporter es nennt, ist reibungslos verlaufen.

Zunächst lässt die Besatzung das Fahrwerk ausgefahren und fliegt in Richtung Pyrenäen. Später lassen die Piloten die 22 Räder in ihren Schächten verschwinden, die Corvette beobachtet den Einziehvorgang. Wie sinnvoll ein Begleitflugzeug ist zeigt sich jetzt. „Unser einziges Problem während des Erstflugs war eine Fahrwerksklappe, die die Systeme als nicht eingefahren und verriegelt registrierten", erklärt später Manfred Birnfeld. Doch die Aufnahmen aus der Corvette belegen, dass die riesigen Tore in Wirklichkeit alle wie vorgesehen die Fahrwerksschächte verschließen. Nach Erreichen der Reiseflughöhe untersucht die Besatzung die Steuerungseigenschaften unter verschiedenen Bedingungen, mit eingefahrenem und ausgefahrenem Fahrwerk und bei allen Klappen- und Vorflügelstellungen. Obwohl in der Kabine selbst noch nichts vom späteren Passagierkomfort zu sehen ist merken die Piloten und Ingenieure, wie gut die Geräuschdämmung funktioniert und wie ruhig ihr Flug selbst bei hoher Geschwindigkeit bleibt. Der gesamte Erstflug spielt sich in einem Radius von etwa 160 Kilometern um den Flughafen Toulouse im Gebiet der Pyrenäen und Südwestfrankreich ab, die Bilder vom A380 über den Berg-

Oben: Die Rolltests der A380 am Flughafen Toulouse im April 2005 werden von zahlreichem Publikum aufmerksam beobachtet. Die große Frage bleibt: Wann endlich fliegt der Riese? (Airbus)

Rechts: Die vordere Haupttreppe im A380-Testflugzeug lässt noch jeglichen Luxus vermissen. (Spaeth)

Oben: Der Teststand auf dem Hauptdeck verfügt gegenüber früheren Testkampagnen über verfeinerte, z. T. digitalisierte Anzeigen. Ganz links oben der Monitor mit Live-Bildern aus dem Cockpit und anderen Bereichen. (Spaeth)

Links: Zwei Ingenieure tun am Haupt-Teststand während jedes Fluges Dienst und überwachen die Daten-Gewinnung und den Ablauf der Versuche. (Airbus)

gipfeln werden aus der Corvette heraus live in alle Welt ausgestrahlt. „Schon beim Erstflug tastet sich die Besatzung vorsichtig in unbekannte technische Bereiche vor, ganz langsam, um schnell wieder in die Ausgangsposition zurückkehren zu können", weiß Hermann Schmoeckel. „Bei dieser ersten Mission stimmen tatsächliche Erfahrung und Simulation meist noch zu 90 Prozent überein, sonst aber können Theorie und Praxis oft weit auseinander liegen", sagt der erfahrene Flugversuchsingenieur.

Auch die Landung wird zu einem Symbol des Triumphs: 300 Meter über dem Boden leitet Claude Lelaie ein Durchstartmanöver ein, fliegt in niedriger Höhe an den applaudierenden Ehrengästen und Journalisten

vorbei, zieht das Flugzeug am Ende der Bahn in eine weite Kurve und eine Schleife über Toulouse, wo sich auf dem zentralen Place du Capitole Tausende zu einem Volksfest aus Anlass des Erstflugs versammelt haben. Nach genau drei Stunden und 54 Minuten in der Luft setzt die A380 zu ihrer ersten Landung an, rollt zügig aus und kommt schließlich vor der Ehrentribüne zum Stehen. Ähnlich wie nach einer gelungenen Weltraummission zeigt sich kurz darauf die stolze Crew an der offenen Tür und auf einer eigens errichteten Bühne. „Die A380 ist ein ausgezeichnetes Flugzeug, das sich wie ein Fahrrad lenken lässt", erklärt Jacques Rosay, „schon während der ersten Minuten des Fluges

Oben: Letzte Überprüfungen und Vorbereitungen bevor die A380 beweisen muss, das sie so gut fliegen kann wie vorausberechnet. (Airbus)

Unten: Ein wichtiger Moment lockt hunderte von Airbus-Mitarbeitern an: Die A380 wird nach Abschluss aller Tests auf die „Flight Line" in Toulouse gerollt, der Erstflug rückt näher. (Airbus)

waren wir beeindruckt davon, wie leicht dieses Flugzeug zu fliegen ist." Sein Kollege Claude Lelaie resümiert: „Dies war ein überaus erfolgreicher Erstflug, und wir haben jede Minute davon genossen. Natürlich gibt es noch viel zu tun, doch nach dieser ersten Erfahrung können wir das Potenzial dieser großartigen Maschine nun so richtig spüren." Doch gemessen an dem, was jetzt noch komme, sei dieser Premierenflug nur „Peanuts" gewesen, so Lelaie.

Fest geplant sind 2100 Flugstunden im Testprogramm für vier Flugzeuge, möglicherweise werden es sogar bis zu 2500 Stunden. Das ist mehr als üblich, andere Flugzeuge erreichen in 1600 bis 2000 Flugstunden die Musterzulassung durch die Behörden. Rund 13 Monate soll das Testflugprogramm dauern, die Verkehrszulassung durch die europäische JAA und die amerikanische FAA wird für Frühsommer 2006 angestrebt. Neben dem Jungfernflieger mit der Baunummer (MSN – Manufacturer Serial

Number) 001 kommt ab Sommer 2005 die MSN 004 dazu, die jeweils 600 Stunden mit großer Testausrüstung in der Luft absolvieren werden. Die MSN 001 soll dabei in zwölf Monaten die grundsätzlichen Handling-Qualitäten und das Verhalten des Flugzeugs bei verschiedenen Schwerpunktlagen erforschen sowie den sogenannten Flight Envelope festlegen, also jene Grenzwerte erfliegen, innerhalb derer kommerzielle Flüge künftig sicher durchgeführt werden können. Die gemessenen Daten werden mit Telemetrie-Einrichtungen direkt zu einer Bodenstation gesendet. Außerdem dient das Testprogramm der MSN 001 der Entwicklung und Zertifizierung von Struktur und Systemen und wird auch nach der Zulassung weiterhin vom Hersteller genutzt. Die MSN 004 als zweite fliegende A380 wird ab Sommer 2005 vor allem für Messungen von Steigleistung und Reiseflug-Verhalten genutzt, widmet sich speziell den Triebwerken und ihrem Leistungsspektrum und wird extremen klimatischen Bedingungen ausgesetzt: Sie wird sowohl unter Hot and High-Bedingungen getestet, also in dünner Höhenluft bei hohen Temperaturen, was üblicherweise in Bangda (Tibet) oder La Paz (Bolivien) stattfindet sowie der Erprobung bei extrem kalten Temperaturen, was meist in Fairbanks/Alaska, Sibirien oder Nordskandinavien angesetzt wird.

Im Herbst 2005 beginnt auch die Flugerprobung mit Kabinenausstattung. Zuvor wird MSN 002 erstmals in Hamburg-Finkenwerder landen, um hier einen Teil der später üblichen Kabineneinrichtung eingebaut zu bekommen, zusammen mit einer kleineren Menge an Testausrüstung als bei MSN 001 und 004. Ein halbes Jahr und 500 Flugstunden soll die Erprobung der Kabinenausstattung und der Kabinensysteme dauern, dazu gehört auch die Lärmentwicklung an Bord. Am Ende steht die erste Bewährungsprobe unter realen Bedingungen – die sogenannten Early Long Range

Triebwerks-Testläufe bis auf vollen Startschub gehören zu den Routineprüfungen bereits Wochen vor dem Erstflug (großes Bild). Die Erstflug-Crew betritt am Morgen des 27. April 2005 in Toulouse das Flugzeug (rechts). (Airbus)

Großes Foto: Unter den Augen der Weltöffentlichkeit rollt am 27. April 2005 gegen 10 Uhr morgens der erste A380-Prototyp auf die Startbahn in Toulouse – genau hier startete 1969 auch schon die Concorde zum Erstflug. (Airbus)

Kleines Foto: Immer wieder absolviert die A380 in den Tagen vor dem Erstflug Startläufe bis fast zur Abhebegeschwindigkeit, bremst dann aber wieder ab.

Am 18. Januar 2005 stellte Airbus in Toulouse vor 3000 Ehrengästen, darunter vier Staats- und Regierungschefs, die A380 erstmals öffentlich vor. Der Erstflug war damals noch für März geplant. (Spaeth)

Flights von und nach Toulouse. Dabei werden mit rund 500 Personen an Bord, vermutlich ausschließlich Airbus-Mitarbeiter, sechs bis zwölf Stunden dauernde Schleifen geflogen ohne zu landen. Eine der vorgesehenen Routen führt von Toulouse nach New York, ohne amerikanischen Boden zu berühren. Das Flugzeug mit der Werksnummer zwei wird es auch sein, das als erste A380 auf großen Flughäfen wie Frankfurt, London-Heathrow oder Paris-CDG landet, um die Kompatibilität der Bodeneinrichtungen zu testen.

Anfang 2006 dann nimmt auch MSN 007 den Testbetrieb auf, der 400 Stunden in drei Monaten umfassen soll. Dieses Flugzeug ist zunächst mit einer fast vollständigen Kabine eingerichtet, die von mehreren Ausstattern gesponsert wird, die sich davon eine Werbewirkung erhoffen. MSN 007 führt nämlich im Frühjahr 2006 ein zwei bis drei Wochen dauerndes weltweites Flugprogramm mit nicht zahlenden Test-Passagieren durch, das sogenannte Route Proving, eine Simulation realen Flugbetriebs. Die beispielhafte Kabine, die weltweit der Fachwelt vorgeführt wird, hat dabei den Charakter eines Showrooms. Später wird die Kabine mit dem neuen Interieur von Singapore Airlines ausgerüstet, denn MSN 007 ist das erste Flugzeug, das nach der Typenzulassung an einen Airline-Kunden ausgeliefert wird.

Bis dahin müssen die vier Testmaschinen und ihre Besatzungen viel über sich ergehen lassen. Um zu beweisen, dass ihr Flugzeug unter allen Bedingungen bestehen kann, bedienen sich die Testmannschaften manchmal extremer Methoden, die Mensch und Material aufs Äußerste strapazieren: Während des Fluges wird etwa am Leitwerk eine Pulverladung gezündet, um die Schwingungsdämpfung der Flugzeugzelle zu prüfen. Das Cockpit wird mit Rauchpulver künstlich verqualmt oder der Frachtraum mit Pfeifentabak, um sicherzugehen, dass der Rauch wie vorgesehen tatsächlich von selbst wieder entweichen kann. Auch wird bewusst in eigens auf der Wetterkarte gesuchte Wolkenfronten geflogen, um bestimmte Vereisungsbedingungen zu erreichen. Schließlich stehen Startabbrüche aus voller Fahrt auch mit bereits abgenutzten Bremsscheiben auf dem Testfahrplan, bei denen das Fahrwerk oft Feuer fängt. Spektakulär auch der funkensprühende Test, bei dem das mit einem Abriebschutz versehene Heck über die Startbahn von Istres geschleift wird, um die geringst mögliche Abhebegeschwindigkeit bei maximalem Anstellwinkel zu ermitteln. „Wir fliegen in der Testphase ganz bewusst in unsichere Flugzustände, die ein hohes Risiko bedeuten", erklärt der ehemalige Airbus-Testpilot Christian Krahe, „das Ziel ist dabei nicht, das Flugzeug über sein Limit hinauszubringen, sondern dieses Limit erst mal festzulegen, um die Warnsysteme so einzustellen, dass Piloten im Passagierverkehr diese Grenzen nie erreichen."

Jürgen Thomas ist sich über die Unwägbarkeiten der Testphase im Klaren: „Keine Flugerprobung ohne Überraschungen, darauf ist man eingestellt. Hauptsache, man hat das richtige Team bereit, das schnell Änderungen durchführen kann, mit denen man schon am nächsten Tag wieder fliegen kann. Nach jedem Flug gibt es ein Review-Meeting, wo man darüber redet, woran es liegt, dass das ein oder andere Problem aufgetaucht ist. Dann muss schnell eine Lösung gefunden werden und dann ist die Frage, wie bringt man das in die Serienmodelle ein. Es wird sein wie immer – 95 Pro-

Oben: Der Erstflug der A380 wird als Premiere in der Luftfahrtgeschichte weltweit per Fernsehen und Internet live übertragen. (Spaeth/N24)

Unten: Die A380 kurz nach dem Start in Toulouse. Aus Sicherheitsgründen wird beim Erstflug das Fahrwerk zunächst nicht eingezogen. (Airbus)

Up up and away – das riesige Flugzeug löst sich scheinbar
mühelos von der längsten Startbahn in Toulouse, auf der
bereits die Concorde 1969 zum Erstflug abhob. (Airbus)

zent der Probleme werden im Systembereich liegen. Fliegen wird die A380 können, da habe ich keine Bedenken, aber wie gut sie fliegt, das ist die Frage", so Thomas. Heikel ist vor allem das Thema, wie genau die den Kunden gegebenen Garantien eingehalten werden können, die lange vor dem Erstflug ausgesprochen wurden. So musste Airbus bei der A380 nicht nur Zusa-

eine maximale Passagierzahl von 853 zertifizieren lassen. Dazu wird die MSN 007 mit einer Charterbestuhlung im Sitzabstand von 30 Zoll (76,2 cm) versehen – 538 Passagiere plus elf Flugbegleiter sitzen im Hauptdeck, 315 Passagiere plus sieben Flugbegleiter auf dem Oberdeck, hinzu kommen die beiden Piloten. Die Entwicklung der Notrutschen für eine so große Zahl von zu evakuierenden

Majestätisch dreht die A380 während des Erstflugs ihre Runden über den verschneiten Pyrenäen. (Airbus/H. Gousée)

gen für den Kraftstoff-Verbrauch bei Indienststellung machen, sondern auch für vier Jahre nach dem Ersteinsatz. „Bei unseren letzten Flugzeugen lagen wir in der Performance nicht weit daneben. Früher hatten wir oft Probleme mit dem Triebwerks-Verbrauch, etwa bei den Rolls-Royce-Motoren der A330, aber so schlimm wird das nicht werden. Vom Verbrauch her liegt Rolls-Royce diesmal ganz gut", weiß Jürgen Thomas.

Ein ganz entscheidender und besonders riskanter Test steht der A380 mit der Baunummer 007 voraussichtlich Ende 2005 bevor. In der neuen Lackierhalle im Werk Hamburg-Finkenwerder muss sich zeigen, ob es gelingen kann, 873 Menschen in nur 90 Sekunden durch die Hälfte aller Türen, also durch fünf Ausstiege aus dem Hauptdeck und drei im Oberdeck zu evakuieren. Die Erfüllung dieser Bedingung ist Grundvoraussetzung für die Verkehrszulassung jedes Flugzeugs. Airbus will die A380 für

Menschen war eine der frühesten Herausforderungen in der A380-Entwicklung. „Auf einem derart kritischen Gebiet wie der Evakuierung haben wir bereits 1996 mit der Arbeit begonnen und die Zulieferer im Wettbewerb gegeneinander zu uns geholt", erinnert sich Jürgen Thomas. „Die Firmen Aircruises und BFGoodrich haben beide Rutschen gebaut und sie acht Meter von Gebäuden heruntergelassen und mit Windmaschinen angeblasen. Obere und untere Rutschen dürfen sich nicht ineinander verhaken, wenn Wind kommt, und dann muss man da-

Von unten betrachtet wird vor allem die extrem große Flügelfläche der A380
deutlich, die für besonders viel Auftrieb und damit eine kurze Startstrecke
sorgt und vor allem für geplante gestreckte Versionen ausgelegt ist. (Airbus)

von ausgehen, dass das Flugzeug schief steht, da muss man variable Rutschenlängen haben."

Aus diesem Grund sind die Rutschen für die vorderen beiden Hauptdeck-Türen automatisch um ein Drittel verlängerbar, sollte ein Sensor nach dem Ausfahren melden, dass das Rutschenende aufgrund des auf dem Heck aufliegenden Flugzeugs in der Luft hängt. Alle Rutschen sind mit jeweils zwei Bahnen nebeneinander ausgestattet, in den seitlichen Begrenzungen befinden sich Lampen. Die

Rutschen vom Oberdeck sind mit Sichtblenden versehen, die von der Tür in acht Metern Höhe aus keinen Blick auf den Erdboden zulassen, um den Passagieren die Höhenangst zu nehmen und eventuelle Verzögerungen zu vermeiden. Für den Test werden inklusive Ersatzkandidaten insgesamt 1100 Freiwillige benötigt, die vorher in Sportvereinen in der Nähe des Hamburger Airbus-Werks rekrutiert werden. Eine Partner-Airline stellt Airbus 40 Personen Kabinenpersonal für den Test zur Verfügung. Bei den

Oben: Während der ersten öffentlichen Schauflüge auf dem Pariser Aérosalon im Juni 2005 beeindruckt die A380 vor allem durch ihre extreme Wendigkeit. (Spaeth)

Links: Der Erstflug führt die A380, stets begleitet von einem Corvette-Fotoflugzeug, nicht wie zunächst geplant über die Biskaya, sondern über Südwestfrankreich. (Airbus/H. Gousée)

Insassen sind genaue demographische Vorgaben zu erfüllen: Mindestens 40 Prozent der an Bord befindlichen Testpersonen müssen Frauen sein, mindestens 35 Prozent über 50 Jahre alt und mehr als 15 Prozent Frauen über 50. Der Test findet unter Bedingungen wie bei einem Nachtflug statt, damit sich die Augen besser an spärliche Beleuchtung gewöhnen können. Die „Passagiere" schauen an Bord im schummrigen Licht der Notbeleuchtung Videoprogramme an, während die Stromversorgung vom Boden her gekappt ist und in der Kabine nur die Notbeleuchtung funktioniert. Auch der Hangar ist dunkel, mit Ausnahme einer Minimalbeleuchtung, um Chaos nach dem Aussteigen zu verhindern.

Sobald aus dem Cockpit irgendwann das Kommando zum Evakuieren kommt, führt die Kabinenbesatzung die vorgeschriebenen Prozeduren aus und versucht, die „Fluggäste" so schnell wie möglich auf die Rutschen zu bekommen – was im Eifer des Gefechts bei den Teilneh-

Nach fast vier Stunden des reibungslos verlaufenen Erstflugs und einer Ehrenrunde über Toulouse setzt die A380 am 27. April 2005 vor Tausenden Zuschauern wieder zur Landung an. (Airbus/S. Ognier)

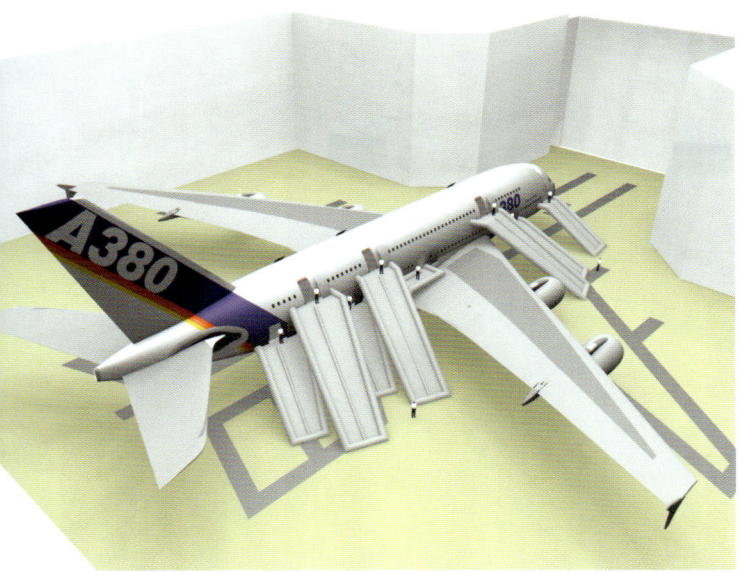

Einer der schwierigsten Hürden für die A380 vor der Verkehrszulassung ist der Evakuierungstest: In 90 Sekunden müssen insgesamt 873 Menschen durch die Hälfte aller Türen von Bord kommen. (Airbus)

mern leicht zu Verletzungen führen kann. Nach neusten Bestimmungen darf Airbus einige Rutschen schon vorher ausfahren, „vermutlich jene auf dem Oberdeck", so Francis Guimera, der A380-Sicherheitsdirektor. Darüber wird der Hersteller von den europäischen und US-Behördenvertretern 48 Stunden vorher informiert, die Insassen an Bord allerdings wissen nicht, welche Ausgänge zur Verfügung stehen. Sollte der Test misslingen, wird nach fünf Tagen ein zweiter Versuch unternommen. Sollte es auch dabei nicht gelingen, alle Insassen in 90 Sekunden von Bord zu bekommen, müsste Airbus die Zahl der Passagiere, für die die A380 zertifiziert wird, senken.

Wenn Airbus, wie geplant, eine gestreckte Version der A380, die A380-900, herausbringen will, müsste dieses Flugzeug für theoretisch bis zu 966 Passagiere erneut in der beschriebenen Weise einen Evakuierungstest durchlaufen. Nachdem zu Zeiten des A3XX-Entwurfs stets zwei Versionen, die A3XX-100 (im Wesentlichen die heutige A380-800) sowie die knapp sieben Meter längere A3XX-200 (künftig A380-900) propagiert wurde, ist bei Airbus seit einigen Jahren trotz etwa von Emirates öffentlich geäußertem Interesse keine Rede mehr von der längeren Version. Doch nur als künftige Familie macht die A380 Sinn und ist auch dafür ausgelegt: „Wir haben von Anfang an gesagt, der A3XX kann nur eine Chance haben, wenn das wieder eine Familie wird", sagt Jürgen Thomas. „Das war bei uns das Ausgangsmuster mit 550 Sitzen und 14.000 km Reichweite, die wir später auf über 14.800 km erhöht haben. Das muss Entwicklungspotenzial haben. Entweder kann man bei

derselben Reichweite das Flugzeug strecken und größer machen mit erhöhtem Abfluggewicht – das Flugzeug wird damit schwerer, aber es fliegt genauso weit. Oder man lässt die Größe wie sie ist und lädt mehr Kraftstoff zu und fliegt damit weiter", so Thomas.

Entscheidend ist, diese Möglichkeit zur Weiterentwicklung von Anfang an einzuplanen: „Die Ausgangsversion darf nicht zu kurz sein. Der europäische Flugzeugbau vor Airbus krankte daran, dass die meisten Flugzeuge wegen ihrer Anfangskonfiguration nicht entwickelbar waren. Am schlimmsten war die Comet, die hatte die Triebwerke in der Flügelwurzel eingebaut. In die konnte man nicht mal neue Triebwerke einbauen, weil die nicht mehr in den Flügel gepasst hätten. Bei anderen war der Flügel nicht vergrößerbar, so dass man mehr Kraftstoff hätte einladen können. Es gibt drei Hauptkriterien, mit denen man sich die Zukunft verbauen kann: Das ist ein zu kleiner Flügel, dafür ist die A310 ein typisches Beispiel. Da kann man die Reichweite später nicht erhöhen und man ist gleich am Anfang schon am Ende. Zweitens muss man mit den Triebwerksherstellern von vornherein auch eine Familie anpeilen. Auch hier muss ein Potenzial für Schuberhöhung vorhanden sein, das war unser Riesenproblem bei der A340-300. Das CFM 56-5 war praktisch schon am Ende, als wir eingestiegen sind. Das dritte ist das Fahrwerk. Die A380 hatte immer vier Fahrwerksbeine. Wir haben 20 Räder jetzt am Hauptfahrwerk und es ist Platz für 22 Räder vorgesehen, wir können noch ein Fahrwerkbein in der Mitte unter dem Rumpf einbauen mit noch mal zwei Rädern, um bei höherem Gewicht die Bodenbelastung besser zu verteilen".

Geschafft – die A380 setzt um 14.23 Uhr wieder auf der Landebahn in Toulouse auf. (Airbus/S. Ognier)

AIR FRANCE	10 A380	
中国南方航空(集团)公司 CHINA SOUTHERN AIRLINES (GROUP)	5 A380	
Emirates	41 A380	2 A380F
ETIHAD	4 A380	
FedEx		10 A380F
ILFC (4)	5 A380	5 A380F
KOREAN AIR	5 A380	
Lufthansa	15 A380	
malaysia	6 A380	
QATAR AIRWAYS	2 A380	
QANTAS	12 A380	
SINGAPORE AIRLINES	10 A380	
Thai	6 A380	
ups		10 A380F
virgin atlantic	6 A380	

154 firm orders & commitments From 15 customers

**127 A380
27 A380F**

Bis Mai 2005 verzeichnete Airbus 154 Festbestellungen und Kaufverpflichtungen von 14 verschiedenen Fluggesellschaften und einer Leasingfirma. Im Juni 2005 kam noch eine Order von Kingfisher aus Indien über fünf A380 hinzu. (Airbus)

Technische Daten

1. Airbus A380-800 vs. Boeing 747-400

	Airbus A380-800	Boeing 747-400	Differenz
Länge	72,70 Meter	70,66 Meter	+3%
Spannweite	79,60 Meter	64,64 Meter	+24%
Höhe	24,07 Meter	19,40 Meter	+24%
Reichweite[1]	14.800 km	12.200 km	+21%
Verbrauch[2]	ca. 3,3 Liter	ca. 4,24 Liter	-29%
Max. Startgew.	560 Tonnen	395 Tonnen	+42%
Max. Landegew.	386 Tonnen	286 Tonnen	+35%
Leergewicht	277 Tonnen	181 Tonnen	+53%
Max. Nutzlast	83 Tonnen	70,6 Tonnen	+17%
Reisegeschwindigkeit	Mach 0,85	Mach 0,855	-0,6%
Dienstgipfelhöhe	13.100 Meter	13.750 Meter	-5%
Startstrecke	2990 Meter	3530 Meter	-15%
Landestrecke	2103 Meter	2260 Meter	-7%
Tankkapazität	310.000 Liter	216.000 Liter	+44%
Flügelfläche	845 Quadratm.	520 Quadratm.	+63%
Kabinenbreite Hauptdeck	6,58 Meter	6,13 Meter	+7%
Kabinenbreite Oberdeck	5,92 Meter	3,90 Meter	+52%
Kabinenfläche	511,27 Quadratm.	331,91 Quadratm.	+54%
Frachtkapazität	13 Paletten oder	9 Paletten oder	+44%
	36 LD3-Container	30 LD3-Container	+20%
Startschub	4 x 70.000 lbs[3]	4 x 57.900 lbs[4]	+20%
Listenpreis	ca. 282 Mio. US$	ca. 200 Mio. US$	+41%

[1]: In Drei-Klassen-Konfiguration
[2]: Pro Passagier auf 100 Kilometer
[3]: 4 x Rolls-Royce Trent 900
[4]: 4 x CF6-80C2B1F

2. A380-800 Frachter

Länge	72,70 Meter
Spannweite	79,60 Meter
Höhe	24,07 Meter
Kabinenbreite	6,55 Meter
Max. Startgewicht	590 Tonnen
Max. Landegewicht	427 Tonnen
Leergewicht	252,5 Tonnen
Max. Nutzlast	150 Tonnen/optional 158 Tonnen
Triebwerke	4 x Rolls-Royce Trent 977 oder
	4 x Engine Alliance GP7277
Startschub x4	76.500 lbs
Tankkapazität	310.000 Liter/optional 352.000 Liter
Reisegeschwindigkeit	Mach 0,85
Max. Geschwindigkeit	Mach 0,89
Dienstgipfelhöhe	13.100 Meter
Startstrecke	2900 Meter
Landestrecke	1900 Meter
Zuladung	71 LD3-Container + 25 Paletten
Reichweite	10.360 km

3. Die Evolution von der A3XX zur A380 in technischen Daten

Mai 1995

	A3XX-100	A3XX-200
Max. Startgewicht	476 Tonnen	519 Tonnen
Leergewicht	324 Tonnen	353 Tonnen
Sitzzahl dreikl.	530	623
Sitzzahl einkl.	854	966
Frachtkapazität	30 LD3/10 Paletten	38 LD3/12 Paletten
Startschub x 4	66.000 lbs	71.000 lbs

März 1997

	A3XX-100	A3XX-100R	A3XX-200
Typ. Sitzzahl	555	555	656
Reichweite	14.100 km	15.750 km	14.100 km
Max. Startgewicht	540 Tonnen	583 Tonnen	583 Tonnen
Max. Landegew.	381 Tonnen	385 Tonnen	381 Tonnen
Leergewicht	271 Tonnen	275 Tonnen	286 Tonnen
Max. Nutzlast	85 Tonnen	85 Tonnen	95 Tonnen
Tankkapazität	269.000 Liter	307.000 Liter	307.000 Liter
Startschub x 4	69.000 lbs	77.000 lbs	78.000 lbs

April 1999

	A3XX-50R	A3XX-100	A3XX-100R	A3XX-200
Typ. Sitzzahl	481	555	555	656
Reichweite	16.200 km	14.200 km	16.200 km	14.200 km
Max. Startgew.	540 t	540 t	583 t	583 t
Max. Landegew.	357 t	381 t	385 t	408 t
Leergewicht	261 t	271 t	275 t	286 t
Max. Nutzlast	73 t	85 t	85 t	95 t
Tankkapazität	336.000 l	297.000 l	383.000 l	336.000 l
Startschub x 4	67.000 lbs	67.000 lbs	75.000 lbs	75.000 lbs

Februar 2001

	A380-800
Typ. Sitzzahl	555
Frachtkapazität	38 LD3-Container oder 13 Paletten
Reichweite	14.800 km
Max. Startgew.	560 Tonnen
Max. Landegew.	386 Tonnen
Leergewicht	277 Tonnen
Max. Nutzlast	84 Tonnen
Tankkapazität	310.000 l
Startschub x 4	70.000 lbs

Quellen: Airbus, Lufthansa, Flight

Bibliographie:

· Kuter, Laurence S.: The Great Gamble: The Boeing 747, Alabama 1973
· Winchester, Jim: Zivilflugzeuge im Detail, Heel-Verlag 2005
· Wright, Alan J.: Airbus, Shepperton 1984

Im Rahmen der Recherche für dieses Buch wurden neben tagesaktuellen nationalen und internationalen Medien vielfältige Fachmedien ausgewertet. Darunter:

Aerospace, Airliner World, Aviation Week & Space Technology, Aero International, Der Flugleiter, Flight International, Flug Revue, Lufthanseat, Lufthansa FlightcrewInfo, Orient Aviation, Planet Aerospace, VC-Info